엉뚱한 생각 속에
과학이
쏙쏙!!

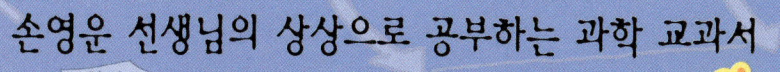

　　과학 발전의 중요한 전환점에는 항상 위대한 과학자가 있었다. 그 과학자들은 언제나 호기심이 많았고 엉뚱했다. 남들이 당연히 그렇다고 생각했던 일에 의문을 던졌고, 어떤 때는 목숨을 걸고 남들과 다른 의견을 주장했다.

　　16세기 중엽까지 모든 사람이 우주의 중심을 지구라고 했다. 그런데 코페르니쿠스라는 시골 신부는 엉뚱하게도 우주의 중심은 지구가 아니라 태양이라고 했다. 이런 코페르니쿠스를 두고, 당시의 종교 개혁가 마르틴 루터는 "여호와가 멈추라고 한 것은 태양이지, 지구가 아니라는 것을 신부인 주제에 모르고 있단 말인가?"라고 그를 비난했다. 다른 사람들도 코페르니쿠스를 조금 모자라는 사람으로 여겼다. 그러나 코페르니쿠스에 의해 과학 혁명이 시작되었다.

　　갈릴레오 갈릴레이라는 젊은 이탈리아 청년이 "무게가 다른 물체라도 떨어지는 시간은 똑같다."라는 엉뚱한 주장을 했다. 당시에 모든 사람들은 무게가 무거운 물체가 먼저 떨어진다고 생각했기 때문에 갈릴레이의 말을 믿지 않았다. 갈릴레이는 직접 피사의 사탑에서 무게가 다른 쇠공을 떨어뜨려 자신의 생각이 옳다는 것을 보였다. 이 실험으로 2,000년이 넘게 자연 과학계를 지배했던 아리스토텔레스의 자연철학은 끝이 났다.

　　갈릴레이가 죽은 해, 영국에서 뉴턴이 태어났다. 뉴턴은 코페르니쿠스와 갈릴레이의 연구 결과를 이어받아 만유인력이라는 자연의 대법칙을 완성했다. 뉴턴은 지동설이 옳다는 것을 확실하게 수학적으로 증명했다. 뉴턴 이후에는 아무도 우주의 중심을 지구라고 말하지 않았다. 뉴턴에 의해 과학 혁명이 완성되었다. 코페르니쿠스와 갈릴레이, 그리고 뉴턴이 다른 사람들처럼 평범한 생각을 했던 과학자였다면 지금쯤 우리는 어떤 세계를 살고 있을지 생각해 본다.

딸아이가 어렸을 때 함께 길을 가면 그냥 지나치는 법이 없었다. 조금이라도 이상한 장면을 보면 바로 그 자리에서 물었다. "아빠, 저 생선 이름이 뭐야? 저 생선은 어디서 살아?" 아빠는 아이의 질문에 처음에는 성의껏 대답했지만, 시간이 지나면서 대충 대답했다. 왜냐하면 아이의 질문에 일일이 답을 하다보면 갈 길이 점점 멀어졌기 때문이다. 딸아이가 이제 중학생이 되었다. 그런데 요즈음에는 길을 가다가 묻는 일이 없다.

초등학교 1학년 교실에서는 서로 뒤질세라 손을 들고 질문을 한다. "선생님 왜 그래요? 이것 좀 가르쳐 주세요." 그러나 중학교나 고등학교 교실에서는 그런 모습을 찾아보기 어렵다. 선생님이 가르쳐 준 대로, 교과서에 쓰인 대로 읽고 외울 뿐이다.

딸아이가 어렸을 때 가진 그 순수한 호기심을 채워주지 못한 것이 시간이 지날수록 미안한 일이 되었다. 수업 시간에 조용히 설명만 듣는 아이들을 착한 학생으로 여기고, 실험실에서 호기심이 지나쳐 자주 실수를 했던 아이들을 귀찮게 여겼던 일이 가슴 아프다. 이 책은 내가 그 아이들에게 주지 못했던 과학적 상상의 즐거움, 호기심의 소중함을 글로 표현한 것이다.

이 책에서 말하고자 하는 과학은 조금 엉뚱하다. 학교 교과서에서 배우는 과학과는 조금 거리가 있다. 할리우드에서 만든 SF 영화에서 나올 법한 이야기가 대부분이다. 누구든지 흔히 상상할 수 있는 질문을 던지고, 그에 대한 답을 하면서 과학을 거꾸로 뒤집어서 생각하게 한다. 이 책을 읽으면 머리는 과학적 상상으로 즐거워진다. 그리고 누구든지 코페르니쿠스가 될 수 있고, 갈릴레이가 될 수 있다. 뉴턴처럼 모든 일에 호기심을 가지고 실험을 할 마음이 생긴다. 사람이 광합성을 하는 녹색 인간이 된다면 어떻게 되는지부터 시작하여 빛의 속도가 느려지거나 빨라지면 어떻게 되는지, 또 시간이 멈춘다면 어떻게 되는지 등의 질문에 대한 답을 다양한 영역에서 찾는다. 지구가 자전을 멈추거나 지구가 다른 물체와 충돌했을 때 일어나는 일들을 상상하면서 물리 시간에 어렵게 배우는 운동의 법칙을 실감나게 이해할 수도 있다.

아이작 뉴턴은 죽음을 앞두고, "내가 세상 사람의 눈에는 어떻게 보일지 모른다. 그러나 나 자신에게 비춰진 나는, 해변에서 아름다운 조개껍질이나 미끈한 조약돌을 찾기 위해서 여기저기 방황하고 있는 소년과 같았다. 내 눈앞에는 거대한 진리의 바다가 아무것도 가르쳐 주지 않은 채 펼쳐져 있다."라는 말을 했다. 뉴턴의 방황은 진리로 가는 길이었다. 과학에서 엉뚱한 호기심은 어른들에게는 편치 않은 방황이 될 수 있다. 하지만, 이 책으로 거대한 진리의 바다에서 상상하고 고민하는 모습으로 방황하는 젊은 학생들이 많아지기를 기대한다.

2004년 12월
손 영 운

태양과 우주

사람과 생물

녹색 인간의 탄생

사람이 광합성을 하면 어떻게 될까?

시청자 여러분 안녕하세요! KSB 김화영 앵커입니다. 2014년 6월 19일 오늘은 우리 인류 문명에 또 하나의 도약이 이루어지는 '신인류 녹색 인간'에 대한 정상회담이 있는 날입니다. 하지만 관련 민간단체 와의 충돌이 예상되고 있습니다. KIST 현장에 나가 있는 손지혜 기자를 연결해보겠습니다. 손지혜 기자, 그쪽 상황을 말해 주세요. 네, 손지혜입니다. 여기 KIST 정문 앞에는 전국 농민 대표, 섬유 및 의류 제조 업 대표, 패션 디자이너 그리고 요리전문가 단체, 식당업을 하는 사람들이 모여 매우 거친 항의를 하고 있습니다. 이들 관계자들은 오늘 KIST에서 발표하게될 '신인류 녹색 인간의 탄생과 우리의 미래'라는 주제의 정상 회담에 반대하여 모인 것입니다.

손 기자, 신인류 녹색 인간이란 무엇이지요? 네, 간단히 말하면 신인류 녹색 인간이란 광합성이 가능 한 인류를 말합니다. 이제 우리 인간도 식물처럼 광합성이 가능하게 되어 먹는 문제를 해결할 수 있게 된다는 것입니다. 앞으로 한 세대가 더 지나면 수천만 명의 어린이들이 먹을 것이 없어 죽는 일은 지구 에서 사라질 것입니다.

지금까지 이야기는 10년 후의 미래를 상상하며 쓴 글입니다. '우리 인류가 현재 직면하고 있는 에 너지, 식량, 환경 오염 등의 문제점들을 한꺼번에 해결 할 수 있는 방법이 무엇일까?' 고민하던 중 떠올린 아이 디어가 바로 녹색 인간입니다. 영화 〈슈렉〉을 보면 슈렉 의 피부가 녹색이잖아요? 그래서 그 영화를 볼 때마다 '우리 인간은 왜 백인, 황인, 흑인 세 종류밖에 없을까?

○ '과학 기술은 21세기 지식 기반 사회의 핵심 요소'라는 생각으로 21세기 과학 한 국을 이끌어 나가는 KIST(한국과학기술연 구원)의 전경

광합성
http://home.pusan.ac.kr/%7Ep
mbl/photo-l.htm

저 슈렉처럼 녹인종이 있으면 참 좋을 텐데.'라고 생각했습니다. 왜냐하면 녹색 인종이 되어 인간도 식물처럼 **광합성**을 할 수 있다면 정말 좋을 것이기 때문이지요.

그렇다면 사람이 광합성을 하게 되면 어떻게 될까요? 정말 식량 걱정 없이 살기 좋은 세상이 될까요? 이에 대한 답을 하기 전에 먼저 광합성이란 무엇인지 알아보도록 하겠습니다.

광합성이란, 녹색 식물이 빛 에너지를 이용하여 이산화탄소와 물로부터 유기물(녹말)을 합성하고 그 결과 산소를 발생시키는 과정을 말합니다. 지구에 살고 있는 대부분의 생명체들은 그 생존을 광합성에 의지하고 있으며, 나머지는 광합성으로 생산된 유기물을 섭취하고 살아가고 있습니다. 사람도 예외는 아니지요. 우리가 먹는 음식물의 근원은 모두 광합성이라고 할 수 있습니다. 녹색 식물은, 태양 에너지를 효율적으로 사용하는 면에서 보면, 가장 진화된 생명체입니다. **엽록체**는 소음도 없고 오염 물질도 하나 배출하지 않으면서 세상을 먹여 살리니, 지구에서 이보다 발전된 공장이 어디 있을까요? 우리 몸에 이런 공장을 만들어 넣는

엽록체
녹색 식물에서 볼 수 있는 색소체의 하나로, 광합성의 생화학적 과정이 일어나는 곳이다. 엽록체는 대부분의 식물에서 지름 약 5μm, 두께 2~3μm의 원반 모양으로 존재한다.

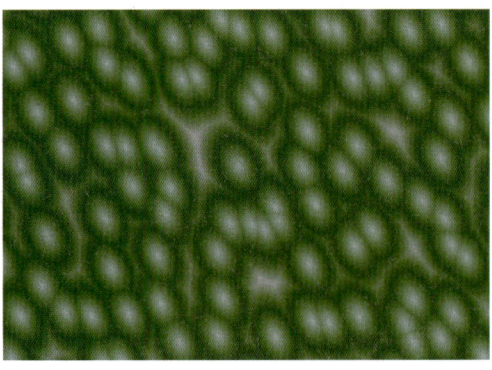

◐ 식물의 잎에 있는 엽록체

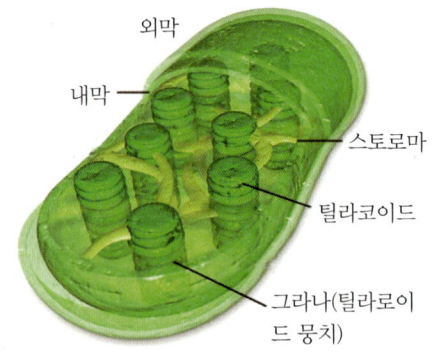

◐ 엽록체의 기본 구조

외막
내막
스토로마
틸라코이드
그라나(틸라로이
드 뭉치)

일은 가능할까요?

생물학자들의 연구에 따르면, 엽록체는 원래 광합성을 하며 살던 원시 미생물이었다고 합니다. 그런데 이 미생물이 식물 세포의 조상으로 추정되는 미생물과 함께 공존하게 되었지요. 이를 **상리 공생**이라고 합니다. 예를 들면 악어와 악어새의 관계와 같은 것입니다. 그 미생물은 식물 세포로 발전하였고, 엽록체는 식물 세포 속의 한 기관으로 자리잡았습니다.

반면에 인간을 비롯한 동물의 경우에는 미토콘드리아라고 하는 것이 엽록체와 비슷한 역할을 하며 함께 진화해 왔습니다. 이렇게 볼 때 아주 오래 전에 동물의 몸에 **미토콘드리아** 대신에 엽록체가 들어왔다면 지금쯤 동물도 식물처럼 광합성을 하고 있지는 않았을까요? 그리고 만약에 지구 어디엔가 아직도 태초의 원시 엽록체가 남아 있어서 이를 인체 세포에 융합시킨다면, 광합성 인간을 만들 수 있지는 않을까요?

그러나 아쉽게도 현대의 과학자들은 동물의 세포에 엽록체를 집어넣는 것은 불가능하다고 말합니다. 설사 엽록체를 인체 세포와 융합시킨다고 하더라도 엽록체에서 생산된 유기물을 흡수할 수 있는 메커니즘을 수행하는 유전 정보가 인체 세포에는 없다고 합니다. 그러나 인간이 광합성을 할 수 있는 날이 언젠가는 올 것이라는 믿음은 버리지 않고 있습니다. 그러면 인간이 광합성을 하게 되면 어떤 일이 일어날까요?

상리 공생
다른 종류의 생물끼리 서로 이익을 주고받는 관계이다. 예를 들면 흰개미의 소화 기관에 사는 원생 동물은 흰개미로부터 살 곳과 먹을 것을 얻고, 흰개미는 이 원생동물이 나무의 셀룰로오스를 분해하여 만든 영양분을 섭취한다.

미토콘드리아 내부구조

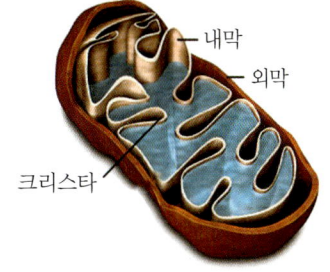
— 내막
— 외막
크리스타

미토콘드리아
동물 세포에서 화학 에너지를 방출하는 세포 기관이다.

슈렉처럼 변하는 인간들

○ 녹색 피부의 슈렉과 아름다운 피오나 공주

광합성을 한다면 인간의 모습이 많이 달라질 것입니다. 피부에 엽록체가 있으므로 피부는 초록색으로 변하겠지요. 말 그대로 녹인종이라 할 수 있습니다. 또한 몸의 형태가 달라집니다. 광합성으로 생산되는 에너지는 우리가 음식을 섭취하여 생산하는 에너지량보다 적습니다. 따라서 최대한 광합성을 많이 하기 위해서는 몸의 표면적을 넓혀야 합니다. 몸은 슈렉처럼 덩치가 크고 펑퍼짐하게 되겠지요. 키가 크는 것보다 옆으로 퍼지는 것이 유리하므로, 체형이 얇고 넓게 진화할 것입니다.

또 계절에 따라 피부색이 달라집니다. 봄에는 연한 녹색이었다가, 여름에는 싱싱하고 짙은 녹색으로, 가을에는 붉은 단풍색으로 변할 수도 있습니다. 아니면 나이가 들어감에 따라 색깔이 변할지도 모릅니다. 그리고 비오는 날엔 몹시 힘들 것입니다. 광합성을 할 수 없으니 에너지도 만들어 낼 수 없겠지요. 몸속의 기관도 바뀝니다. 우리 몸에서 분비되는 호르몬의 종류나 효소의 종류에도 큰 변화가 생길 것입니다. 많이 먹지 않기 때문에 치아나 소화 기관 등은 퇴화

여기서 잠깐!
믿거나 말거나 NASA 뉴스

햇빛과 음료수만으로 8년을 버텼다고 주장하는 한 인도 남자가 있어 미국 항공우주국(NASA)이 조사에 나섰다.

NASA는 1995년부터 식사를 일절 끊은 인도인을 초대하여 그의 기이한 식습관을 연구하기로 했다. 그는 햇빛과 음료수만으로 살아온 것으로 알려졌다.

그는 "자외선이 약해지는 저녁 시간에 한 시간 가량 눈을 깜빡이지 않은 채 햇빛을 쬔다."며 "햇빛이 나의 식사"라고 말했다.

조사에 참여한 NASA의 과학자들은 인간이 햇빛과 물만으로 생존하는 현상을 인도 남자의 이름을 따 'HRM(히라 라탄 마넥) 현상'으로 명명했다. NASA는 마넥의 연구를 통해 세계 식량문제를 해결하는 기술을 발견하길 기대하고 있다.

할 것입니다. 더불어 배설량이 적어지므로 배설 기관이 약해지겠지요. 이렇게 되면 화장실에는 일주일에 한두 번만 가면 될 것 같네요.

패션이 달라진다

광합성을 하기 위해서 피부 노출이 지금보다 심할 것입니다. 따라서 옷 스타일도 지금과는 다르겠지요. 그럼 상상해볼까요, 사람들이 어떤 옷을 입고 다닐지. 사람들은 중요 부분만 가리는 수영복 스타일을 평상복처럼 입고 다닐 수도 있겠고, 아예 아프리카 원주민들처럼 옷을 벗고 다닐 수도 있을 것 같습니다. 다행히 빛을 완벽하게 통과시키는 옷감이 개발된다면 지금과 비슷한 옷을 입겠지요. 하지만 햇빛에 피부 노출이 많이 되면서 자외선에 의한 피부암 발병이 높아질 수 있으므로 자외선을 차단하는 옷이 개발되지 않을까 생각합니다. 이러나저러나 옷을 만드는 의류 회사들은 새로운 패션을 연구하고 개발하기 위해 머리가 꽤나 아프겠어요.

⬆ 녹색 인간용 복장

주거 문화가 달라진다

햇빛이 있는 낮에는 광합성(식사)을 해야하므로 일을 할 수가 없습니다. 사람들은 낮에는 집에서 자거나 빈둥거리며 쉬어야합니다. 그러므로 아파트나 주택은 건물의 기본 골격을 제외하고는 지붕을 비롯한 모든 면이 유리로 지어질 것입니다.(집에만 투명한 소재를 사용하는 것이 아니라 자동차 지붕, 비 올 때 쓰는 우산, 모자 등에도 빛이 투과되는 투명한 소재가

⬆ 유리로 된 집

쓰일 것입니다.) 부자들은 하루 종일 햇빛을 받을 수 있도록 해바라기처럼 태양을 따라 회전하는 집을 짓겠지요. 유리로 지으니 모든 집들은 사생활이 전혀 보장되지 않는 구조가 됩니다. 벌거벗은 사람들이 안이 훤히 보이는 집에서 생활한다니 볼 만하겠군요. 지금도 햇볕이 잘 드는 집은 가격이 높은데, 이때에는 햇볕이 들지 않는 집은 아예 집 취급도 받지 못하겠지요.

낮에 광합성(식사)을 한 사람들은 해가 지면 일을 하러 직장으로 나갈 것입니다. 사무를 보는 건물은 사람들이 계속 광합성을 할 수 있도록 아주 밝은 조명이 설치되어 있을 것이고, 빛을 실내 곳곳에 효과적으로 전달하기 위해서는 가구나 벽이 거울로 되어 있을 것입니다.

식생활의 혁명적인 변화가 온다

가장 중요한 변화는 사람들의 식생활에서 일어납니다. 광합성을 하기 때문에 물만 마셔도 기본적인 생명 활동이 유지될 수 있으리라고 생각됩니다. 잠자는 동안 조명을 높여 전등을 켜놓으면 저절로 광합성이 되므로 아침 식사는 하지 않아도 됩니다. 그렇지만 광합성을 하루 종일 한다고 해도 현재와 같은 활발한 생활을 유지할 수 있는 에너지를 얻을 수 없으므로, 간식을 먹어야 합니다. 특히 에너지 소비가 많은 운동선수나 노동자들은 지금과 같은 형태의 식사를 할 수도 있습니다. 그러나 굶어죽는 사람은 없겠지요. 현재 7초마다 한 명씩 지구촌의 어린이가 죽어 간다고 하고, 기아 대상으로 분류된 인구는 약 8억7천500만 명 정도라고 하는데, 최소한 이런

❂ 수단의 굶주린 소녀. 광합성 인간의 탄생은 이런 비극적인 굶주림을 근본적으로 해결할 수 있을 것이다.

사람들이 굶어죽는 일은 일어나지 않을 것입니다. 또 움직임이 적은 사람들은 먹는 일로 고민하지 않아도 되겠지요. 대신에 전 세계의 음식 문화는 쇠퇴하게 되고, 음식점은 문을 닫아야 하고, 요리 전문가들은 일할 곳이 없어집니다. 대신 정수기 회사나 생수 공장은 무척 바빠질 것입니다. 사람들은 좋은 물을 먹는 것을 가장 중요한 일로 여기기 때문이지요. 그리고 광합성으로 보충되지 않는 지방과 단백질, 비타민, 무기염류 등을 보충해주는 건강 보조 식품이 각광을 받게 됩니다.

인류의 문화가 달라진다

인류의 문화가 무척 다르게 발전할 것입니다. 사람들은 햇빛이 잘 비치고 물이 풍부한 곳으로 이주를 할 것이고, 현재 나무들이 잘 자라는 열대 우림 지역이 인기 높은 거주지로 각광받을 것입니다. 또한 사람들은 광합성을 하기 위해서 자주 밖으로 나가고, 대부분의 건물이 투명해지기 때문에 사회 전체가 개방적이 됩니다. 반면에 사람들의 움직임은 아주 느려질 것이라 예상됩니다. 살기 위해서 농사를 짓거나

● 일광욕을 즐기는 유럽인들

동물을 기르거나 젖을 짜지 않아도 되고, 인스턴트 음식을 만들기 위해 공장을 가동하지 않아도 되기 때문입니다. 삶을 지루하고 권태롭게 느낄 사람들이 증가할 수 있고, 이로 인해 자살하는 사람의 수도 늘어날 것입니다. 그리고 인류의 문명은 더 이상 발전하지 않을지도 모릅니다. 지금껏 인류는 잘 먹고 잘 살기 위해서 어려움 속에서 인류의 문명을 발전시켜 왔는데, 그럴 이유가 없어지게 되니 말입니다.

또한 성문화가 달라질 것입니다. 모든 사람이 벗고 생활하기 때문에 성문화가 급속도로 개방되리라 생각합니다. 하지만 반대로 초록의 피부를 가지고 옆으로 퍼진 사람들에게서 성적 매력을 느낄지는 의문입니다. 그러면 성문화에 대한 사람들의 열정이 식게 되고 그 결과 출생률이 매우 떨어질 수도 있습니다.

사람들은 또 날씨에 더욱 민감해지겠지요. 맑은 날에는 에너지가 충분하여 활동적이다가, 구름이 끼고, 비나 눈이 오는 날에는 에너지가 부족하여 모두들 어깨를 축 늘어뜨리고 다닐 것입니다.

대기의 구성이 달라진다

50억이 넘는 사람들이 모두 광합성을 하게 되므로 많은 양의 이산화탄소가 소비되고 대신에 산소가 그만큼 많이 생산됩니다. 현재 대기의 성분 중 이산화탄소의 양은 1%도 되지 않기 때문에 시간이 갈수록 부족함을 느낄 것입니다. 대신 산소의 양은 점점 더 늘어나겠지요. 부족한 이산화탄소는 조개 껍질에 염산을 부어 생산하면 되겠지만 늘어나는 산소는 처치 곤란입니다. 적당한 양의 산소는 우리에게 대단히 중요한 역할을 하지만 그 양이 지나치게 많아지면 매우 위험한 기체가 됩니다. 자연 발화로 인한 화재가 빈번하게 일어나는 것은 물론, 어떤 경우에는 자연 폭발로까지 이어져 인류에 위협이 됩니다. 또한 철을 급속하게 산화시키므로 철을 기반으로 하는 인류의 전반적인 기계 문명에 큰 해를 끼칠 것입니다.

어떤 과학자는 생물의 진화에 따른다면 광합성

⬆ 나무가 울창한 곳에서는 가끔 자연 발화로 인해 큰 화재가 발생하기도 한다.

이 가능한 녹색 인간은 이미 존재했어야 한다고 말했습니다. 다른 관점에서 보면 그 날이 와야할 것 같습니다. 지금 우리 지구가 안고 있는 수많은 문제를 해결할 수 있는 최선의 방법이 될지도 모르니까요. 사람들이 식물처럼 평화롭게 살 수 있는 세상이라면 좋잖아요.

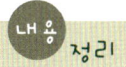

광합성 I

1. 광합성의 기원

태양 에너지를 이용하여 유기물을 합성하는 광합성은 지구에 살고 있는 모든 생명체의 생명활동의 기초가 된다. 아직 광합성의 기원에 대해서는 정확하게 밝혀진 것은 없으나 현재 과학자들은 박테리아의 일종(purple bacteria)이 지구에서 광합성을 한 최초의 생물이라고 생각하고 있고, 이 박테리아가 어떤 생물의 몸에 들어가 내부 공생을 하게 됨으로써 광합성을 하는 식물로 진화했다고 추정하고 있다.

2. 광합성의 의미

생명 진화에 있어서 가장 중요한 사건은 광합성 세포의 출현이라 할 수 있다. 광합성의 결과, 산소가 발생하고 지구 대기에서 산소 농도가 증가했다. 또 산소는 오존을 생성시켜 육지의 생물에게 치명적인 자외선을 막아주었다. 결국 광합성 세포로 인해 생물이 육지로 올라올 수 있었던 것이다.

3. 고등 생물의 발달

바닷물 속이나 공기 중에 산소가 모이면서 산소를 이용해 호흡을 하는 기능이 발달하게 되었다. 호흡은 탄수화물이 산소에 의해서 이산화탄소로 바뀌는 산화 반응으로, 광합성과는 반대되는 반응이라 할 수 있다. 특히 산화 반응은 많은 에너지를 발생시킨다. 이것은 에너지를 많이 필요로 하는 고등 생물, 즉 동물의 발달을 촉진시켰다. 식물과는 달리 동물은 에너지를 많이 사용하기 때문이다. 이것이 사람이 광합성을 하게 될 경우 가장 문제가 되는 부분이다. 왜냐하면 광합성으로는 사람이 필요한 에너지를 모두 충당하기가 어렵기 때문이다.

식물의 반란

식물이 광합성을 하지 않으면 어떻게 될까?

광합성이란 무엇일까요? 앞에서 말한 것과 같이, 녹색 식물이 뿌리에서 빨아들인 물과 잎에서 받아들인 이산화탄소를 원료로 태양의 빛 에너지를 이용하여 산소와 녹말을 만드는 화학적인 과정을 광합성이라고 합니다. 그런데 식물이 이런 활동을 하지 않는다면 어떻게 될까요?

지구가 처음 만들어졌을 때는 지금처럼 산소가 풍부하지 않았습니다. 지구에 산소를 있게 한 것은 산과 들을 푸르게 만드는 녹색 식물입니다. 식물들이 부지런히 광합성을 하여 지구에 산소를 공급하기 시작한 이후부터 동물들이 탄생하기 시작하였습니다.

그러므로 우리와 같은 사람들이나 동물들이 이 세상을 살아가는 것은 순전히 식물 덕분이라고 할 수 있습니다. 식물이 만든 산소로 숨을 쉬고, 식물이 만든 녹말을 영양분으로 살아가고 있습니다. 그런데 우리는 이 녹색 식물을 하찮게 생각하고 함부로 대하기도 합니다. 길을 가다가 예쁜 꽃이 있으면 꽃을 따서 향기를 맡다가 버리고, 또 나뭇잎을 떼어내 가위바위보 놀이를 한 후 버리고, 나무로 만드는 종이를 아껴 쓰지 않고 마구 낭비하는 일들이 바로 우리가 녹색

식물을 함부로 대하는 행동들입니다. 그래도 나무는 아무런 불평도 하지 않고 아낌없이 자신을 우리에게 주고 있습니다. 정말 착하고 고마운 존재입니다.

그런데 어느 날부터 식물들이 사람들처럼 생각하기 시작했습니다. 생각을 하면 할수록 자신들의 은혜를 모르는 사람들이나 동물들이 괘씸했습니다. 나무들은 화가 났습니다. 화가 난 나무들이 "이제는 광합성을 하지 말자."라는 의견을 모아 단체로 데모를 하기 시작했습니다.

자, 이제부터 어떤 일이 일어날까요? 먼저, 지구에 있는 산소의 양이 줄어들기 시작했습니다. 이런 낌새를 알아차린 각국 정부는 산소의 소비를 줄이기 위해 불을 사용하는 모든 일을 중단시켰습니다. 불을 사용하면 많은 양의 산소를 소비하게 될 테니까요. 사람들은 맛있는 요리는커녕 밥도 못해 먹고 생쌀을 먹으며 살게 되었습니다. 재미있는 불꽃놀이는 범죄 행위가 되었지요. 아무리 추워도 난방을 할 수 없었습니다.

최첨단의 사무실에서도 오돌오돌 떨면서 일을 해야 했습니다. 자동차 운행도 모두 중단시켰습니다. 자동차 엔진은 특히 많은 양의 산소를 소비하니까요. 화력 발전소도 문을 닫아 전력 공급도 줄어들었습니다. 많은 공장들이 문을 닫아 생필품도 더 이상 생산하지 못했습니다. 옷도 만들지 못하고, 맛있는 과자도 만들지 못하고, 비누도 만들지 못했습니다. 사람들의 생활이 말이 아니게 되었습니다.

기술이 발달한 선진국의 공장에서 산소를 대량으로 생산하기 시작했습니다. 그러나 워낙 많은 양의 산소가 필요한데다가, 생산량 또한 한계가 있었습니다. 그동안 전 세계의 녹색 식물들이 만들어낸 산소의 양이 너무나 엄청났기 때문에 공장에서 아무리 많이 만들어도 그 양을 채우기는 불가능했습니다. 산소량은 점점 부족하여 잘 사는 사람들이나 힘있는 사람들만 산소통을 메고 근근히 살아갔습니다. 산소값이 금값보다 더 비싸고, 산소를 얻기 위해 사람들이 서로 싸우고 죽이는 일까지 벌어졌습니다. 이러는 동안 산소가 희박한 고산 지대에 사는 사람들과 동물들이 호흡 곤란으로 쓰러져 죽기 시작했습니다. 그리고 점점 낮은 지대에 사는 사람들과 동물들도 가쁜 숨을 내쉬게 되었으며, 그들 중 약한 사람이나 동물들이 먼저 죽기 시작했습니다. 바다와 호수의 수면 위는 물속에 살다가 산소가 부족하여 죽은 생물체들로 뒤덮였고, 지구 어디에 가도 숨을 못 쉬고 죽은 생물의 사체들로 그득하였습니다. 산소가 부족하니까 잘 썩지도 않아 보기가 정말로 비참하였습니다.

식물이 광합성을 하지 않자, 녹말과 같은 영양분 공급이 근원적으로 차단되었습니다. 먼저 초식 동물들이 굶어 죽었습니다. 초식 동물을 먹이로 하던 육식 동물들도 시간이 지나자 하나둘씩 굶어죽기 시작했습니다. 사람들은 그동안 저장해 놓은 곡식과 인스턴트 음식을 먹으며 버텼지만, 그것

도 오래가지 못했습니다. 전 세계의 사람들이 기아에 허덕이다가 뼈만 앙상하게 남은 채 모두 굶어죽어 갔습니다. (사실 굶어죽기 이전에 숨을 쉬지 못해 먼저 죽어가겠지만….)

그런데 식물들에게도 문제가 생겼습니다. 사실 식물들도 산소가 필요하거든요. 식물들이 광합성을 하는 시간은 태양이 떠 있는 낮입니다. 낮 동안에는 식물들이 이산화탄소를 받아들여서 광합성을 하지만 밤에는 다른 동물들처럼 산소로 숨을 쉽니다. 단지 식물들이 낮에 광합성으로 생산하는 산소의 양이 밤에 소비하는 이산화탄소의 양보다 많기 때문에 식물들이 산소를 만드는 것처럼 보일 뿐입니다. 식물들은 태양 빛이 가장 강한 정오부터 오후 2시까지 산소를 가장 많이 만들어냅니다. 그렇기 때문에 삼림욕은 이 시간이 가장 효과적입니다.

식물들도 굶주림에 시달리게 되었습니다. 광합성을 중단한 식물들도 물 외에 필요한 영양분을 얻을 길이 없어졌거든요. 식물들도 시름시름 영양실조에 걸리고, 호흡 곤란으로 말라죽기 시작했습니다. 지구는 화성처럼 이산화탄소로 가득 차고, 생명이라고는 찾아보기 힘든 행성이 되었습니다.

식물들은 다시 생각을 했습니다. 이러다간 자기네들도 모두 죽을 수 있다는 생각이 든 것이지요. 식물들은 다시 광합성을 하기로 약속했습니다. 지구에 산소의 양이 조금씩 늘기 시작했습니다. 거의 멸종 단계에 이르렀던 동물들이 생기를 얻기 시작했고, 끝까지 살아남았던 사람들도 조금씩 힘을 얻고 움직이기 시작했습니다. 그 뒤로 사람들은 다시는 식물들을 함부로 대하지 않았고, 종이도 아껴쓰고, 화장실 휴지도 거의 쓰지 않았습니다.

그동안 우리 때문에 많이 아팠지?

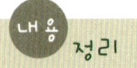

광합성 II

녹색 식물이 엽록체에서 빛 에너지를 이용하여 이산화탄소와 물로부터 녹말을 합성하고 산소를 만들어내는 과정이다.

1. 광합성 과정

광합성은 빛 에너지를 이용한 광화학 반응(명반응)과 빛과 관계없이 일어나는 효소 반응(암반응)으로 나눌 수 있다.

- 명반응 : 엽록체의 그라나에서 일어나는 반응이며, 빛 에너지를 화학 에너지로 바꾸는 과정이다.
- 암반응 : 명반응에서 생성된 화학 에너지를 이용하여 포도당을 합성하는 화학 반응으로 엽록체의 스트로마에서 일어난다.

2. 광합성에 영향을 주는 요인

- 빛의 세기 : 이산화탄소의 양과 온도가 일정할 때 광합성의 속도는 빛의 세기가 커짐에 따라 증가한다.
- 빛의 파장 : 가시광선 중 보라색 쪽과 붉은색 쪽에서 광합성이 잘 일어난다. 녹색 계통은 대부분 반사시키므로 식물의 잎이 녹색을 띤다.
- 이산화탄소의 양 : 대기 중의 이산화탄소 농도의 3배(0.1%)까지는 광합성량이 증가하다가 이후 일정해진다.
- 온도 : 약한 빛에서 광합성의 속도는 거의 일정하지만, 강한 빛에서는 10°C 증가할 때마다 2배로 증가하며 최적 온도인 30~35°C를 넘어서면 오히려 감소한다.

자연의 실수

돌연변이가 일어나지 않으면 어떻게 될까?

첨단 **유전 공학**과 대리 임신을 이용하여 자신이 꿈꿔 오던 천재 아이를 탄생시킨 의학자의 충격적인 이야기, 소설 《돌연변이(Mutation)》를 읽어본 적 있나요? 읽어보지 못했다면 제가 하는 이야기를 잘 들어 보세요.

생명 공학 박사인 빅터 프랑크는 아인슈타인의 두뇌에서 모티브를 얻어 인간 두뇌의 한계가 어느 정도인지 알고 싶어하는 호기심 많은 과학자입니다. 어느 날 그는 자신의 호기심을 풀기 위해 아내 몰래 아내의 자궁에서 8개의 난자를 채취하였습니다. 그리고는 난자의 6번 염색체 속에 있는 DNA 일부분을 돌연변이시켜 그곳에 NGF라고 부르는 신경 성장 인자 유전자를 삽입하였고, 그 난자를 수정시켜 대리모의 몸에 집어넣었습니다. 대리모에게는 임신 후 2주부터 8주까지 세팔로클로어라는 약을 복용시켰는데, 이 약은 유전자를 활성시켜 NGF를 계속 생성시키는 것이었습니다. 이렇게 해서 인류 역사상 가장 천재적인 아기 VJ가 태어났습니다.

VJ는 태어나면서 울지도 않고 똑바로 아빠 얼굴을 노려

유전 공학
생물의 유전자를 인공적으로 가공하여 인간에게 필요한 물질을 대량으로 값싸게 얻는 기술을 개발·연구하는 학문이다.

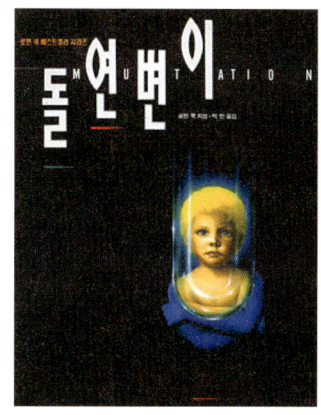
◑ 소설 《돌연변이(Mutation)》

보는 특이한 아이였습니다. 그는 세 살 때에 IQ가 무려 250을 기록하였습니다. 그러나 VJ의 형과 유모, VJ와 같은 수정란으로 태어난 천재 아이들은 한 명씩 원인 모를 죽음을 당합니다. 또 VJ가 따로 만들어 놓은 실험실에서는 엄청난 음모가 이루어집니다.

지금까지의 이야기는 소설 《돌연변이》의 줄거리입니다. 《돌연변이》는 의사 출신 소설가 **로빈 쿡**이 쓴 소설로, 인간성을 상실한 악마적 천재성을 가진 VJ의 은밀한 계획과 상상도 못할 사건들이 이야기 내내 숨막히게 전개되는 흥미진진한 소설입니다.

어떤 과학자는 자연이 실수를 하지 않았다면 오늘날과 같은 다양한 동식물이 이 땅에 태어나지 않았을 것이라고 말했습니다. 그가 말하는 자연의 실수란 "돌연변이"를 의미합니다. 이 말을 정리하면 자연은 돌연변이라는 실수로 현재의 다양한 생명 세계를 이루었다는 것입니다. 천지와 인간 그리고 지구의 모든 생명체를 하나님이 창조했다고 믿는 사람들에게는 대단히 불경스러운 말일 것입니다. 그러나 다윈의 진화론 이후 돌연변이는 진화에 있어서 매우 중요한 역할을 하는 것으로 밝혀졌습니다.

그러면 돌연변이란 무엇일까요? 돌연변이는 백과사전을 찾아보면 "생물의 형질이 돌발적으로 변이를 일으키고, 이것을 유전하는 일"이라고 되어 있습니다. 예를 들어볼까요?

얼마 전 우리나라 경상북도 봉화에서는 흰색 사슴이 태어났습니다. 사슴 주인은 "15년 동안 꽃사슴 수백 마리를 사육해 왔지만 흰

로빈 쿡
의사 출신 작가로 그의 전공인 의학을 소재로 치밀하고 현실적인 스릴러 소설을 창작하여 대중적인 인기를 얻고 있다. 작품으로는 《코마》, 《브레인》, 《바이탈 사인》 등이 있다.

◑ 2004년 6월 6일 경북 봉화군 소천면 분천2리의 꽃사슴 농가에서 암컷 흰 사슴. 태어날 때 큰 토끼만 한 크기에 몸에 작은 점 하나 없이 투명한 흰색을 띠었다. 주변의 관심을 받으며 건강한 상태를 유지하고 있었으나 생후 8일 만에 취재진의 극성에 놀란 다른 사슴의 발길질에 생명을 잃고 말았다.

여기서 잠깐!

흰색 동물

사람을 비롯하여 동물은 몸에 색깔을 가지고 있는데, 이것은 유전자에 의해 일어나는 현상이다. 이때 몸과 털의 색깔을 결정하는 효소가 티로시나아제인데, 이 효소를 만드는 유전자가 돌연변이로 인해 이상이 생기면 사람이나 동물은 자기 색을 가지지 못하고 흰색을 띠게 된다. 우리는 이를 '알비노' 또는 '백화 현상'이라고 한다. 그런데 이때의 흰색은 사실 무색이라고 하는 편이 더 정확하다. 왜냐하면 흰색을 만드는 유전자로 인해 흰색이 되는 것이 아니라 아무 색도 가지지 못하기 때문에 흰색이 되기 때문이다. 흰색 동물은 눈에 잘 띄기 때문에 희생당하는 경우가 많아 정상적인 유전자로 자리잡지 못하고 있다.

흰색 고릴라. 피부암으로 생명을 잃었다.

사슴을 본 것은 처음이다."라며 매우 기뻐했고, 주민들도 "흰 사슴이 태어났으니 마을에 큰 경사가 생길 것 같다."며 함께 즐거워했다고 합니다. 이렇게 흰 사슴과 같은 생물이 탄생한 것은 돌연변이 때문입니다. 흰 사슴이 태어날 확률은 10만 마리당 한 마리라고 합니다.

돌연변이는 왜 생기는 것일까요? 두 가지로 생각할 수 있는데 하나는 자연적인 돌연변이로 DNA가 자신을 복제하는 과정에서 생기는 실수, 즉 염색체의 일부가 잘려 없어지거나 여분으로 늘어나는 등의 일로 생긴다고 보는 것입니다. 또 외부적인 이유로는 화학 물질이나 자외선 등의 방사선에 의해 생기는 돌연변이가 있습니다. 돌연변이는 일반적으로 생식 세포에서 일어나 자손에게 전해지는데, 이것을 **생식 세포** 돌연변이라고 합니다. 반면에 체세포에 돌연변이가 일어나는 경우도 있는데, 이를 **체세포** 돌연변이라고 하며 이것은 유전되지 않습니다.

생식 세포와 체세포
생식 세포는 생식에 관여하는 세포로, 정자와 난자 등을 있다. 체세포는 몸을 이루는 세포를 말한다.

 다윈(1809~1882) 영국의 생물학
자로 진화론 정립에 큰 공헌을 했다.
대표적인 저서로는 《종의 기원》, 《식
물의 교배에 관한 연구》 등이 있다.

개체
원칙적으로 분리할 수 없는 하나의
독립된 생물체를 말한다.

엑스맨
http://www.x2-movie.com /
splash.html

그렇다면 돌연변이가 일어나지 않는다면 어떻게 될까요? 진화론을 주장한 **다윈**은 진화를 일으키는 자연 선택의 중요한 한 원인으로 돌연변이를 이야기했습니다.

또한 네덜란드의 생물학자인 드 브리스는 진화의 구조에 대하여 돌연변이가 중요하다고 주장하고 《돌연변이설》이라는 책을 썼습니다. 미국의 뮐러는 초파리에 X선을 쐬어 처음으로 인위적인 돌연변이를 일으켰습니다. 그는 이 일로 1946년에 노벨상을 받기도 했습니다. 즉, 돌연변이는 생물의 다양성을 유지시키는 매우 중요한 자연의 실수라는 것이지요. 따라서 돌연변이가 없다면 오늘날과 같은 다양한 생물이 탄생하지 않았을 것입니다.

일반적으로 돌연변이는 생명체에게 해로운 방향으로 발생하며, 심할 경우 그 **개체**를 죽이기도 합니다. 그러므로 해로운 돌연변이는 자손에게 전달될 기회를 잃습니다. 하지만 어쩌다가 좋은 쪽으로 돌연변이가 생기는 경우가 발생하면 이것은 자연에 적응하기 유리하여 자손에게 전달되고 그것이 진화의 기초가 됩니다. 돌연변이가 없다면, 지금 우리 지구에는 훨씬 적은 종류의 동식물들밖에 없었을 것입니다.

영화 〈**엑스맨**(X-Men, 2000)〉을 보면, 이런 대사가 나옵니다. "돌연변이는 인간 진화의 핵심 요소다. 인간을 작은 세포에서 지구상 가장 진화된 종으로 발전시켰다. 그 과정은 매우 느려서 까마득한 시간이 걸린다. 그러나 수백만 년마다 획기적인 진화가 이룩된다."

자신의 실수까지도 이용하는 자연의 위대한 지혜에 경의를 보낼 수밖에 없다는 생각이 듭니다. 그리고 돌연변이가 일어나지 않았다면 오늘날과 같이 똑똑하지만 지혜롭지 않은 인간들이 나타나지 않았을지도 모르고요.

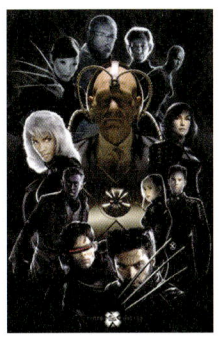  

⊙ 영화 〈엑스맨〉에 나오는 돌연변이 주인공들. 맨 오른쪽의 사이클롭스는 강력한 에너지 빔을 눈에서 뿜어내는 호모 슈피리어이다.

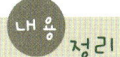 정리

돌연변이

생물의 형질이 갑자기 다르게 변하고 이 형질이 유전하는 현상으로, 유전자 자체의 변화에 의하여 일어나는 경우와 염색체 일부가 변형되어 일어나는 경우가 있다. 주로 천연적으로 일어나지만 방사선이나 화학 물질 등의 영향으로 일어나기도 한다.

1. 돌연변이의 종류

돌연변이는 보통 생식 세포에서 일어나 자손에게 전해지는데, 이것을 생식 세포 돌연변이라고 한다. 체세포에서 일어나는 돌연변이를 체세포 돌연변이라고 한다.

2. 돌연변이의 발견

영국의 찰스 다윈은 진화의 구조를 설명하는 가운데 자연 선택 중에서 변이가 매우 중요한 역할을 한다고 했고, 네덜란드의 드 브리스와 미국의 뮐러는 돌연변이가 동물의 진화에서 차지하는 의미를 밝혔다.

3. 염색체 돌연변이

염색체의 수나 구조에 이상이 생긴 경우로, 염색체 수의 이상으로 생기는 돌연변이로는 다음과 같은 것들이 있다.

- 다운 증후군 – 21번 염색체가 3개인 경우. 정신 지체가 생기고, 머리가 작고 눈썹 사이가 먼 특징이 있다.
- 터너 증후군 – 성 염색체가 1개인 경우. 여성 체형에 불임이며, 키가 작다.
- 클라인펠터 증후군 – 성 염색체가 3개인 경우. 남성 체형에 불임이며, 가슴이 발달한다.
- 씨 없는 수박 – 일반 수박에 콜히친이라는 화학 물질을 처리하면 생긴다.

애들이 줄었어요

사람의 몸이 작아지면 어떻게 될까?

〈마이크로 특공대〉, 〈이너스페이스〉, 〈오스모시스 존스〉, 〈애들이 줄었어요〉는 모두 영화 제목입니다. 혹시 한 가지라도 본 적이 있나요? 이 영화들은 모두 사람들의 크기가 줄어들어 일어나는 일들을 다루었다는 공통점을 가지고 있습니다.

최근의 영화로는 〈애들이 줄었어요〉를 들 수 있습니다. 물체 축소 연구에 몰두하던 웨인즈 교수는 계속되는 실패에도 불구하고 언젠가는 자신의 꿈을 이루리라 확신하며 연구에 연구를 거듭하였습니다. 그런데 어느 날 그가 외출한 사이 야구공을 주우러온 옆집 아이들 러스와 론, 그리고 웨인즈 교수의 두 남매 에이미와 닉이 야구공으로 인해 작동된 축소기에 의해 키가 6mm로 줄어듭니다. 이를 모르는 웨인즈 교수는 아이들을 뒷마당 쓰레기통에 버리고, 이때부터 이 4명의 아이들은 집으로 돌아가기 위해 거대한 뒷마당의 잔디 숲을 횡단하는 대모험을 벌인다는 것이 이 영화의 줄거리입니다.

애들의 평균키가 120cm라고 했을 때, 이 아이들이 6mm로 줄었다면 그 비는 200 : 1이 됩니다.

⬆ 영화 〈애들이 줄었어요〉의 세트장에서 놀고 있는 아이들

즉 아이들의 키가 1/200로 줄었다는 뜻이지요. 몸의 크기와 무게는 (1/200)³으로 줄어들기 때문에 무려 8,000,000배 줄게 됩니다. 아이들의 몸무게를 평균 40kg 정도로 생각하면 줄어든 아이들의 무게는 0.5mg이 됩니다. 그러니까 영화대로 보면 먼지처럼 가벼운 것이 되지요.

아무튼 영화 속의 아이들처럼 사람들이 개미보다 작아진다면 어떤 일이 일어날까요?

모두들 천하장사가 된다

개미는 동물 중에서 가장 힘이 세다고 합니다. 까닭이 무엇일까요?

몸의 길이가 긴 동물(또는 키가 큰 동물)과 짧은 동물이 있는데, 긴 동물은 짧은 동물보다 2배나 길다고 가정하겠습니다. 이때 이 두 동물의 표면적 비는 4 : 1이 됩니다. 힘은 근육의 굵기, 즉 단면적의 비에 비례하므로 힘도 4 : 1이 될 것입니다. 그런데 체중의 비는 세제곱에 비례하므로 8 : 1이 됩니다. 즉, 동물의 몸길이가 2배가 되면 체중은 8배가 되지

❂ **영화 〈오스모시스 존스〉** (왼쪽) 아내가 죽은 후 전혀 건강을 돌보지 않고 지저분하게 살아가는 프랭크. 그의 딸 셰인이 프랭크의 건강을 챙겨보려 하지만 아버지는 도무지 말을 듣지 않는다. (오른쪽) 프랭크의 몸속에는 프랭크 경찰서 소속의 백혈구 경찰 오스모시스 존스가 갖가지 병균들로부터 그를 지켜내기 위해 고군분투하고 있었다. 시들어가는 프랭크의 몸속에서 치명적인 악당 트락스가 온갖 공격을 하며 괴롭히자, 오스모시스는 새로 투입된 감기약 용병과 함께 트락스와 한판 대결을 펼친다.

🔵 열심히 쇠똥을 굴리고 있는 쇠똥구리

만 근육의 힘은 4배밖에 되지 않으므로 오히려 1/2로 줄어드는 셈입니다. 마찬가지 이유로 몸길이가 3배가 된다면 힘은 체중의 1/3로 줄어들 것이고, 몸길이가 4배가 되면 힘은 체중의 1/4로 줄어들게 된다는 결론에 이릅니다.

이와 같은 원리를 반대로 적용하면 몸의 길이가 100배로 줄면 힘은 상대적으로 100배로 늘어나는 효과를 가집니다. 이렇게 체중과 근육의 힘이 증가하는 비율이 다르기 때문에 개미나 쇠똥구리는 자기 체중의 30배~40배나 되는 무거운 짐을 끌 수 있는 것이지요.

이 원리를 사람에게 적용시켜 볼까요? 사람의 몸이 1/100로 줄어들면 몸무게는 1/1,000,000이 되는 반면 힘은 1/10,000로 줄어듭니다. 따라서 줄어든 사람은 자기 체중의 100배를 거뜬히 들 수 있습니다. 몸이 줄어든 사람은 모두 천하장사가 되는 것이지요. 사람들이 다같이 키가 100배로 줄어든 상태에서 올림픽 대회를 한다면, 모든 기록들은 깨어지고 신기록들로 채워질 것입니다.

물을 두려워하게 된다

작아진 사람들이 가장 두려워하는 것은 물이 될 것입니다. 영화 〈개미〉에서 개미가 이슬방울에 갇혀 빠져나오지 못하는 장면이 나오는데, 이것은 만화적인 상상이 아니라 실제로 그렇습니다. 아침 일찍 일어나 잔디밭이나 풀잎을 자세히 보세요. 간밤에 이슬방울에 갇혀 허우적거리다가 세상을 떠난 슬픈 곤충들을 볼 수 있습니다. 사람도 개미보다 작아진다면 같은 일을 당할 것입니다. 그렇다면 왜 작은

🔵 영화 〈개미〉의 한 장면. 개미가 이슬방울에 갇혀 꼼짝 못하고 있다.

곤충들은 물방울에 갇히면 빠져나오지 못할까요? 그 답은 표면 장력에 있습니다. **표면 장력**이란 같은 액체끼리 뭉쳐 있게 만드는 힘으로, 물 컵에 물을 가득 담은 후 보면 그 현상을 알 수 있습니다. 소금쟁이가 물에 떠 있을 수 있는 것은 표면 장력 때문이고 개미에게 물이 마치 풀처럼 끈끈한 것으로 느껴지는 것도 표면 장력 때문입니다. 따라서 개미보다 작아진 사람에게는 한 방울의 빗방울이나 이슬방울도 마치 늪처럼 느껴질 것입니다. 그러니 물을 불 피하듯 해야겠지요? 하지만 요령을 익히면 소금쟁이처럼 물 위를 잘 걸어다닐 수 있을 것입니다. 이때는 기름을 적신 큰 신발을 신으면 더욱 효과적이겠지요.

표면 장력
물과 같은 액체의 표면에서 표면을 작게 하려고 작용하는 힘이다. 비눗방울이나 이슬 등이 동그랗게 되는 것은 이 힘이 액체 표면에 작용하기 때문이다. 컵의 가장자리의 액체가 넘쳐 올라간 모양이 되어 쏟아지지 않는 것도 액체 표면에 장력이 작용하기 때문이다.

스파이더맨처럼 천장이나 벽을 마음대로 다닐 수 있다

작은 곤충들은 벽이나 천장을 잘 타고 다닙니다. 개미, 거미, 심지어 덩치가 큰 바퀴벌레도 중력의 영향을 받지 않는다는 듯 저희들 마음대로 천장과 벽을 기어 다닙니다. 그 이유는 '벨크로 현상' 때문입니다. '벨크로'란 운동화나 가방 등에 달린 접착포를 말합니다. 우리들은 이것을 흔히 '찍찍이'라고 부르지요. 곤충들에게 벨크로 현상이 적용될 수 있는 까닭은 아주 가느다란 발과 그 주위에 있는 털 때문입니다. 그리고 벽 표면은 우리 눈에는 편평해 보이지만 현미경으로 확대해보면 매우 우툴두툴합니다. 이 우툴두툴한 표면에 곤충의 발가락과 털들이 이리저리 휘감겨 얽히기 때문에 곤충들이 벽이나 천장에서 떨어지지 않는 것입니다. 이러한 원리가 개미보다 작아진 사람들에게도 적용될 수 있습니다. 사람들은 발과 손을 벽의 우툴두툴한 틈 사이에 집어넣고 이곳저곳으로 다닐

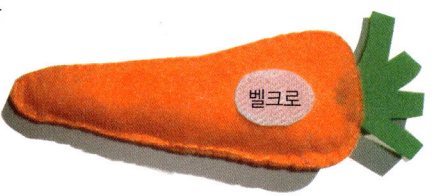

⬆ 모형 당근에 붙어 있는 벨크로

영화 〈스파이더맨〉의 한 장면. 스파이더맨이 벽을 기어오르고 있다.

수 있을 것입니다. 또한 표면적에 비해 체중이 매우 작기 때문에 사람들은 중력을 이기고 자기 몸을 지탱하기 위해서 많은 근육을 사용할 필요가 없어집니다. 또 힘은 100배나 세어지지요. 몸이 엄청나게 가벼워지니 못할 일이 없겠지요. 마치 영화 〈스파이더맨〉의 주인공처럼 가지 못할 곳이 없을 것입니다. 생각해보니 참 신나는 일일 수도 있겠네요. 여자 친구의 집도 살금살금 들어갈 수 있을 테고, 또 여탕 창가로 몰래 다가갈 수도 있겠네요. 아니, 이런 이런, 또 무슨 헛소린지. 이 말은 취소입니다.

하루 종일 먹는 데 시간을 보내게 된다

몸집이 작아졌으니 전체적으로 먹는 양은 줄어들지만, 상대적으로 자기 체중보다 많은 양을 섭취해야 하므로 먹는 데 보내는 시간이 많아질 것입니다. 동물의 크기를 2배로 늘리면 몸에서 달아나는 열은 그 절반으로 줄어듭니다. 반대로 크기가 반으로 줄어들면 몸에서 달아나는 열이 두 배로 늘어나지요. 극지방에 사는 동물들은 대체로 덩치가 큰데, 이는 앞서 말한 것처럼 덩치가 커야 추운 날씨 속에서도 몸에서 달아나는 열을 상대적으로 적게 빼앗겨 체온을 유지할 수 있기 때문입니다. 그러니 사람이 개미보다 작아지면 사람들은 대부분의 시간을 체온을 유지하는 데 필요한 열량이 높은 음식을 먹는 데 사용할 것입니다.

벌새의 예를 들어볼까요? 벌과 같이 작으면서 꽃의 꿀을 먹고산다고 하여 벌새로 불리는 이 새는 꿀벌 정도의 작은 것에서부터 최대 22cm 크기까지 있습니다. 벌새는 하루에 자신

꽃의 꿀을 먹고 있는 벌새

의 몸무게 2배의 먹이를 먹어야 하는데, 그 이유는 몸의 크기가 작은 만큼 빼앗기는 체온이 상대적으로 크므로 이 체온을 유지하기 위해 많이 움직여야 하기 때문입니다. 어떤 조류학자는 만약 사람이 벌새와 같이 에너지를 사용한다면 하루에 약 1,300개의 햄버거를 먹어야 한다고 말했습니다.

그리고 사람들은 체온을 유지할 두꺼운 피부나 껍질 또는 깃털이 없으니까 아주 두꺼운 옷을 껴입고 다녀야 합니다. 그렇지 않으면 순식간에 체온이 떨어져 얼어죽기 때문입니다.

사람들의 눈에 안 띄게 자유롭게 다닐 수 있다

이 경우는 모든 사람이 작아지는 것이 아니고, 일부 사람만 줄어드는 경우입니다. 아주 작은 몸집으로 벽이나 천장을 기어다닐 수 있어 어디든지 갈 수 있습니다. 그러나 시간이 문제입니다. 〈애들이 줄었어요〉에서처럼 정원을 가로질러 집까지 가는 데 매우 많은 시간이 걸리는 것처럼 말입니다. 그러나 은밀한 곳에 어디든지 갈 수 있을 것입니다. 마음에 드는 사람의 몸속에도 들어갈 수 있고, 그 집의 한쪽 구석에 천막 치고 장기 투숙할 수도 있겠지요.

식량 걱정은 더 이상 하지 않아도 된다

좀 지저분하지만 **집먼지 진드기** 이야기를 해볼까요. 집먼지 진드기는 사람이 떨어뜨리는 아주 적은 양의 비듬만으로도 몇천 마리가 몇 달에 걸쳐 먹을 수 있다고 합니다. 그렇다면 개미보다 작아진 사람들은 아이들이 먹다 떨어뜨린 비스킷 부스러기만으로도 몇 달을 버틸 수 있을 것입니다. 따라서 인류의 식량 문제는 해결되겠지요.

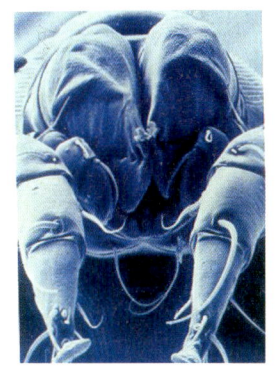

◐ 진드기의 전자 현미경 확대 사진

땅값과 아파트 값이 저절로 내려간다

32평형 아파트라면 한 도시를 이룰 수 있을 것입니다. 그러니 부동산 투기라는 말은 자취를 감추겠지요.

온갖 곤충들과 싸워야 한다

대부분 육식 곤충, 즉 사마귀, 개미지옥, 거미 등과 천적 관계에 놓일 것입니다.

자연재해를 수시로 당한다

자연의 작은 움직임도 작아진 인간에게는 자연재해로 다가올 것입니다. 개가 오줌을 싸면 홍수요, 코끼리가 콧바람을 불면 태풍이 될 것입니다.

높은 곳에서 떨어져도 살 확률이 높다

고층 빌딩에서 떨어질 경우, 무게에 비해 표면적이 크므로 떨어지는 도중에 공기의 저항을 많이 받게 됩니다. 따라서 처음에는 떨어지는 속도가 빨라지겠지만, 공기의 저항과 떨어지는 힘이 평형을 이루게 되면 더 이상 속도가 증가하지 않습니다. 다만, 바람이 불어 물에 떨어지면 문제는 달라지겠지요.

아주 가까운 거리만 볼 수 있다

몸집이 줄어들었으니 눈알의 크기도 줄어들었을 것입니다. 그렇다면 작아진 눈으로 볼 수 있는 거리는 지금보다 훨씬 짧을 것입니다. 그리고 시야도 좁아지겠지요. 그저 땅바닥에 떨어진 각종 먼지나 부스러기만 보고 살아야 할 것입니다.

1. 세포의 크기

세포의 크기는 세포의 종류에 따라 조금씩 차이가 있는데, 1~100마이크로미터 범위에 있다. 이보다 작으면 세포로서의 역할을 할 수 없다.

2. 세포의 수

세포의 크기는 한계가 있으므로 몸이 작아진다는 것은 세포의 수가 줄었다라고 생각할 수 있다. 예를 들어 영화 〈애들이 줄었어요〉의 아이들처럼 120cm의 아이들이 6mm 크기로 줄었다면 체중의 비가 무려 약 8백만 : 1의 비율로 줄어든 것인데 세포의 수가 이렇게 줄어든다면 뇌세포의 수가 모자라 생각도 할 수 없고 신진대사도 불가능하다.

3. 물리 법칙

몸의 크기가 줄었다는 것은 몸무게가 줄었다는 것으로 생각할 수 있는데, 이때 줄어든 몸의 질량은 어디로 갔을까? 물질의 변화에서 질량은 없어지지 않는다. 우리는 이를 '질량보존의 법칙'으로 배웠다.

그렇다면 질량이 변하지 않았다고 가정했을 때, 몸의 밀도는 엄청나게 증가한다. 이미 줄어든 몸이 가지고 있는 힘으로 그 큰 밀도의 몸을 움직이는 것은 불가능하다.

4. 생활의 문제

몸의 크기가 줄어들면 체온을 유지하기 위해 먹고 자는 일 외에 다른 일을 할 시간이 없어진다.

걸리버의 고민

사람의 몸이 커지면 어떻게 될까?

조나단 스위프트의 《걸리버 여행기》를 읽어 보았나요? 《걸리버 여행기》는 주인공이 소인족의 나라 '릴리퍼트'와 거인족의 나라 '브롭딩나그' 등을 차례로 방문하며 경험한 이야기를 재미있게 구성한 소설입니다. 이 작품은 당시 영국 왕궁의 잘못된 정치를 풍자하고, 인간의 도덕적 타락과 정신적 왜소함을 비판한 작품으로 유럽에서 큰 화제를 불러일으켰습니다.

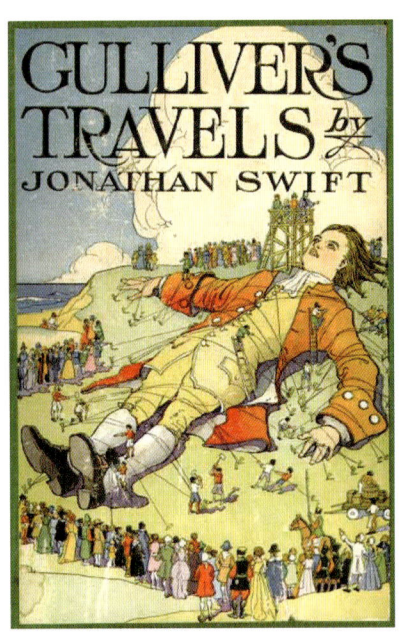

○ 《걸리버 여행기》의 표지

《걸리버 여행기》는 전체 4부로 구성되어 있습니다. 우리가 관심을 가지는 것은 걸리버가 '릴리퍼트'라고 불리는 소인국에서 사는 부분이지요. 그 내용을 간단하게 정리하면 다음과 같습니다.

걸리버는 캠브리지 대학교에서 의학과 수학, 그리고 항해술 등을 배웁니다. 학교를 졸업한 후 그는 배의 전속 의사가 되어 항해에 나서게 되지요. 그러나 배가 난파하여 걸리버는 키가 15cm 정도밖에 되지 않는 작은 사람들이 사는 릴리퍼트 제국에 도착하게 됩니다. 걸리버는 릴리퍼트 국왕으로부터 의식주 공급을 받으면서 잠시 동안이지만 왕의 총애를 받습니다. 그러나 왕비의 궁전에 화재가 발생하였을 때 오줌을 누어 불을 끈 일과, 이웃 나라와의 전쟁에 적극적인 참가를 거부한 이유로 반역죄의 재판을 받게 됩니다. 결국 그는 이웃 나라로 탈출한 후, 영국으로 귀국하게 됩니다.

걸리버는 그곳에서 매일 릴리퍼트 사람들의 식사량을 기준으로 할 때, 1,728인분의 음식을 공급받았다고 합니다. 걸리버의 말을 들어보면 그의 식사 준비가 얼마나 큰 일이었는지를 알 수 있습니다. 그런데 릴리퍼트인들은 어떤 계산을 근거로 이렇게 많은 양의 음식을 준비했을까요? 책을 보면 걸리버의 키는 릴리퍼트 사람들보다 12배 크다고 했습니다. 키는 길이에 해당하고, 몸의 크기는 부피에 해당하므로 걸리버는 릴리퍼트 사람들보다 12×12×12=1,728배 크다는 계산이 나온 것이지요. 《걸리버 여행기》를 쓴 스위프트는 걸리버에게 릴리퍼트인들보다 1,728배 더 먹여야겠다고 생각한 것 같습니다. 따라서 요리사도 300명이나 필요했고, 시중꾼도 100명쯤 붙인 것이라고 생각할 수 있습니다. 그런데 실제로 걸리버는 그만큼의 음식이 필요했을까요?

그럼, 지금부터 본론으로 들어가 '사람의 키가 100배 커지면 어떻게 될까?'라는 질문에 대한 답을 알아보기로 하겠습니다. 우리 책에서는 키가 평균보다 100배가 큰 사람을 빅맨(Big Man)이라고 부르겠습니다.

사람들의 평균키를 170cm라고 한다면 빅맨의 키는 170m가 됩니다. 이 키는 어느 정도의 크기일까요? 우리가 잘 알고 있는 미국의 자유의 여신상의 높이는 93m이고, 여의도에 있는 63빌딩은 249m라고 하니까, 빅맨의 키는 자유의 여신상보다는 훨씬 크고, 63빌딩보다는 작은 셈이죠.

덩치는 어느 정도일까요? 키가 170m이니까 덩치는 부피로 계산해야 하므로 170×170×170 = 4,913,000m³(계산의 편의상 사람의 형태를 정육면체 형태로 본다.)이고, 이 크기

○ 음식 대접을 받는 걸리버

걸리버의 말

"300명의 요리사가 내 식사를 준비하였으며, 내 집 주위에는 다른 작은 집들이 세워지고, 거기서 요리사들은 가족들과 함께 지내면서 요리를 하였다. 어떤 사람은 음식 접시를 내밀고, 어떤 사람들은 포도주며 다른 음료를 담은 통을 두 사람씩 어깨에 걸친 막대로 운반하기도 하였다."

는 현재 키가 170cm인 사람 약 100만 명을 합친 크기라고 할 수 있습니다. 서울 인구의 반 정도에 해당하네요. 몸무게는 얼마나 될까요? 몸무게는 부피와 비례합니다. 따라서 키가 170cm인 사람의 평균 몸무게가 약 70kg이라면, 빅맨의 몸무게는 70kg의 100배가 아닌 1,000,000배, 즉 70,000,000kg이 됩니다. 무려 7만 톤이라는 것입니다. 정말 엄청난 몸무게이지요.

이렇게 큰 덩치로 세상을 살아가려면 문제가 한두 가지가 아닐 것입니다. 우선, 이 덩치를 우리 몸의 뼈가 지탱하고 서 있을 수나 있을까요?

우선 **뼈**의 강도나 밀도는 변하지 않았다고 가정하겠습니다. 우리 몸을 지탱하는 데 가장 중요한 요인은 뼈의 굵기라고 할 수 있습니다. 뼈가 몸무게를 지탱하는 능력은 뼈의 단면적에 비례합니다. 키가 100배로 늘었다는 것은 뼈의 단면적이 10,000배로 늘었다는 것으로 생각할 수 있습니다. 그러므로 몸을 지탱하는 능력은 10,000배가 되었다고 볼 수 있습니다. 하지만 사람의 몸무게는 부피에 비례하므로 1,000,000배로 늘었습니다. 이럴 경우 우리 몸의 뼈는 몸무게를 견디지 못하고 부서지고 아래로 무너질 것으로 예상됩니다. 따라서 빅맨은 극심한 통증에 시달리다가 죽게 되겠지요. 이런 무게를 견디려면 뼈가 강철같이 단단하지 않으면 안 될 것입니다.

실제로 포유류의 경우 그 몸통의 무게를 지탱하는 것은 다리입니다. 몸무게가 증가하게 되면 그에 맞춰 그것을 지지하는 다리도 굵어져야 합니다. 왜냐하면 지구에 살고 있는 동물들은 종류에 상관없이 뼈의 성분이 거의 동일하기 때문입니다. 덩치가 큰데 뼈의 성분이 달라지지 않는다면

뼈의 성분

뼈는 고도로 분화된 단백질과 칼슘의 결합 조직으로, 유기질 35%, 무기질 45%, 수분 20%로 이루어져 있다. 35%인 유기질은 골세포와 그 사이를 메우는 간질로 이루어져 있으며, 45%인 무기질은 칼슘, 인, 마그네슘, 나트륨, 수산화 탄산, 불소 등으로 되어 있다.

⬆ 코끼리. 다리가 매우 굵다.

증가하는 무게를 지탱하기 위해서는 그 뼈의 단면적이 무게의 증가율 이상으로 증가해야 안정하다고 합니다. 그러므로 빅맨의 다리는 엄청나게 굵은 통다리가 되어야 합니다. 어느 정도 굵기의 통다리가 되어야 할까요?

다리가 지탱할 수 있는 무게는 다리의 단면적에 비례하므로 단면적도 그만큼 늘어나야 합니다. 단면적이 1,000,000배가 되려면 다리의 지름은 약 1,128배가 되어야 합니다. 각 부분의 길이가 100배로 늘어났는 데 비해 다리 통의 지름은 몸의 각 부분이 늘어난 길이보다 11.28배나 더 늘었으니, 사람의 몸은 본래의 형태를 그대로 유지하기가 불가능할 것입니다. 따라서 완전히 똑같은 모양을 유지한 채 크기가 몇 배로 늘어난다는 것은 매우 어려운 일이라는 것을 알 수 있습니다. 이로 볼 때 빅맨은 뚱뚱하고 몽땅해져야 한다는 결론에 이르게 됩니다.(멋있고 섹시한 빅맨이 아니라니 아쉽네요.)

그럼 실제 동물은 어떨까요? 체중이 3kg에 불과한 **바늘두더지**는 뼈가 몸무게의 3.5%를 차지하며, 사람의 경우는 15%를 차지한다고 합니다. 그리고 사람보다 훨씬 큰 코끼리는 20% 이상이 뼈로 되어 있습니다(코끼리의 몸무게는 약 3톤이나 된다지요). 이것을 보면 큰 동물일수록 몸 전체에서 뼈가 차지하는 비율이 증가할 것 같은데, 정말 그럴까요?

과학자들의 연구에 따르면, 그렇지 않다고 합니다. 여러 동물을 연구한 결과 몸의 체중과 뼈의 비율을 모든 동물에게 적용시키면 모순이 발생한다고 합니다. 예를 들면, 기네스북에 올라 있는 세계 최대의 아프리카 코끼리의 몸무게는 무려 10.8톤이라고 하는데, 뼈의 비율을 적용시키면 그 코끼리는 약 58%가 뼈로 채워져야 하는 잘못된 결론이 나옵

바늘두더지

가시두더지라고도 하며, 몸길이는 33~53cm, 몸무게는 3kg 내외이다. 파충류에 가장 가까운 포유류이다. 몸은 굵고 편평하며, 꼬리는 흔적만 보인다. 주둥이 끝은 늘어나며, 혀는 지렁이 모양으로 입 밖으로 나온다. 이빨이 없다.

🔶 거인병에 걸려 비정상적으로 큰 사람. 이들은 평생 관절염과 디스크로 고생한다.

니다. 따라서 몸의 크기에 따라 뼈가 차지하는 비율은 정확한 상관 관계를 따질 수가 없다는 결론에 도달하게 됩니다. 왜냐하면 큰 동물은 몸의 장기가 들어갈 공간이 커야 하므로, 뼈가 차지하는 비율을 어느 정도의 적정선에서 작게 억제할 필요가 있기 때문이지요. 우리의 빅맨도 코끼리 정도의 비율, 즉 20% 정도를 유지할 것으로 추정할 수 있습니다. 이것은 결국 빅맨이 매우 허약한 몸을 가진 사람이 될 수밖에 없다는 것을 말하는 것이지요.

개미는 높은 곳에서 뛰어내려도 크게 다치지 않습니다. 하지만 코끼리는 조금만 높은 곳에서 뛰어내려도 그 충격이 매우 큽니다. 따라서 몸이 큰 동물은 매우 천천히, 뼈의 강도에 큰 충격을 주지 않는 범위에서 움직여야 합니다. 작은 동물들이 재빠르게 움직이는 반면 큰 동물들의 움직임은 매우 느린 것을 보면 알 수 있습니다. 한편, 고양이나 개들은 다리를 구부려서 걷지만, 코끼리는 다리를 똑바로 펴서 걷습니다. 뼈는 압력에는 비교적 강하나 휨에는 약하기 때문이지요. 이로 볼 때, 빅맨은 무릎을 절대로 구부릴 수 없을 것입니다. 만약 무릎을 구부렸다간 앞으로 넘어져 다시 일어서기 힘들기 때문입니다. 7만 톤이나 되는 빅맨을 누가 일으켜 세울 수 있을까요?

그렇다면 빅맨은 어떻게 살아가야 할까요? 가장 쉬운 방법은 하루 종일 물에서 사는 것입니다. 그러면 아주 큰 수영장이 필요할 것입니다. 몸이 물에 퉁퉁 불지 않으려면 우리보다는 견고한 피부를 가져야 할 것입니다. 움직일 때는 아주 천천히 다리를 꼿꼿이 세워서 움직여야 하고요.

빅맨의 한 끼 식사는 얼마나 될까요? 릴리퍼터인들이 걸리버에게 1,728인분의 음식을 제공한 것처럼, 빅맨도

1,000,000인분의 음식을 먹어야 할까요? 인간이 음식을 섭취하는 것은 에너지를 얻기 위해서이고, 사람의 경우에는 체온 유지와 밀접한 관계가 있습니다. 따라서 과학자들은 생명체의 생명 활동에 있어서 체중보다는 표면적을 더 중요하게 생각합니다. 사람은 피부 표면을 통해 열을 방출하고 흡수하여 체온을 일정하게 유지시키고, 또 **신진대사**를 위해 산소를 흡수하기 때문입니다. 몸집이 커질수록 체중당 표면적이 작아지기 때문에 열이 빠져나가는 비율도 작아지게 됩니다. 그래서 같은 종일 경우, 추운 지방의 동물이 몸집이 더 큽니다.

과학자들은 이것을 '베르크만의 규칙'이라고 부르는데, 몸집이 클수록 단위부피당 에너지 소모량이 줄어든다는 법칙입니다.

생각할 요인이 한 가지 더 있습니다. 그것은 중력입니다. 몸 안의 물질 수송은 표면을 통해 일어나는데 폐에서는 기체의 교환이, 장에서는 영양 물질의 교환이, 또 **세포막**을 통한 물질의 교환이 일어나고 있습니다. 이것을 위해서는 중력에 대해 일을 해야하며 이것은 몸집, 즉 체중이 많이 나갈수록 커진다고 합니다.

그러면 빅맨은 얼마의 음식을 먹어야 할까요? 분명히 큰 동물일수록 많이 먹는 것은 당연하겠지요. 동물원에서 코끼리나 하마가 식사하는 모습을 보면 정말 대단하다는 생각이 듭니다. 그렇다고 해서 체중이 10배 되는 동물이 식사도 10배로 하느냐 하면, 그렇지도 않습니다. 즉, 식사량은 체중의 증가분만큼 늘어나는 것이 아니라는 것이지요. 과학자들의 연구에 따르면 '표준 대사량은 (체중)$^{\frac{3}{4}}$에 비례한다.'고 합니다. 이 말은 체중이 2배가 되어도 에너지 소비량은 1.68

신진대사
생물이 생명을 유지하기 위해 물질을 외계로부터 섭취하여 필요한 구성물질로 바꾸고, 이때 생긴 노폐물을 체외로 배출하는 과정에서 나타나는 화학 변화를 총칭한 것이다. 즉, 음식을 먹고, 소화시키고, 배설하는 일 등을 말한다.

Click!
세포막
http://kimwootae.com.ne.kr/generalbiology/cellmembrane.htm

북극곰 멧돼지, 사슴과 같이 북쪽에 가까울수록 몸집이 크다.

배밖에 늘지 않는다는 말이지요. 체중 차이가 100배가 되면 에너지 소비량은 32배의 차이가 나고 1,000배면 178배가 납니다. 체중이 4톤인 코끼리는 40g인 생쥐 10만 마리의 몸무게를 가지고 있으나, 에너지 소비량은 생쥐 5,600마리분밖에 되지 않는다는 것이지요. 이것은 상대적으로 생쥐가 코끼리보다 훨씬 많은 에너지를 소비하고 있다는 것을 의미합니다. 그러므로 빅맨은 1,000,000명의 음식을 먹는 것이 아니라, 31,684인분의 음식만 먹으면 된다는 결론에 이릅니다. 걸리버를 위해서 릴리퍼트 인들이 준비해야할 식사량도 1,728인분이 아니라 268인분이면 됩니다.

이 외에도 빅맨은 여러 가지로 우리와 다른 점이 있습니다. 눈의 수정체 단면적이 우리보다 10,000배나 크니까, 우리보다 훨씬 멀리 볼 수 있을 것입니다. 기침을 하면 위력이 엄청나게 크겠지요. 뿐만 아니라 방귀라도 끼게 되면 어떻게 될까요? 방귀 소리에 놀라고, 냄새에 중독되어 쓰러질 것입니다. 그리고 또 그 엄청난 소변과 대변량은 어떻게 해야할까요? 목소리는 또 어떻게 변할까요? 그 엄청난 힘을 어떻게 관리해야할까요? 골치 아픈 문제들이 점점 쌓이네요. 아무튼 그런 사람이 이 지구에 없다는 것이 다행스런 일입니다.

1. 세포의 크기

사람의 몸을 이루는 세포의 크기는 종류에 따라 조금씩 다르지만 체세포의 크기는 같다. 따라서 뚱뚱하거나 덩치가 큰 사람은 세포가 큰 것이 아니라 세포의 수가 많아서 몸이 큰 것이다.

2. 세포 크기의 한계

세포는 신진대사를 위해 영양분을 섭취하고 노폐물을 배출하는 작용을 하는데, 이 일은 세포막을 통해서 일어난다. 그런데 세포막은 면적비로, 세포의 크기는 부피비로 성장하기 때문에 세포막의 크기는 세포의 크기와 비례해서 증가하지 못한다. 따라서 세포의 크기는 일정 크기로 제한된다.

3. 몸의 크기와 뼈

몸을 지탱하는 것은 몸 안에 있는 뼈들인데 특히 뼈의 단면적과 관련이 깊다. 몸무게는 몸의 부피와 비례하지만, 뼈의 단면적은 부피에 비례하여 증가하지 않는다. 그러므로 몸의 크기에 뼈의 성장이 맞지 않기 때문에 지나치게 큰 몸집은 생명체의 특성상 맞지 않게 되므로 몸의 크기도 적정하게 유지되는 것이다.

미라 세상

미생물이 모두 죽으면 어떻게 될까?

며칠 전 큰딸이 감기에 걸려 꽤 고생을 했습니다. 목이 붓고 열이 나고 콧물이 나고…. 병원에 가서 주사도 맞고 쓴 약도 먹었습니다. 언니가 고생하는 모습을 본 작은딸이 어디서 들었는지 감기는 바이러스나 세균 때문에 생긴다며, 언니를 괴롭히는 바이러스나 세균들이 모두 죽었으면 좋겠다고 말했습니다. 옆에 있던 엄마도 같은 생각을 한 것인지 고개를 끄덕였습니다. 여러분들도 해마다 겨울이면 감기에 걸려 고생한 적이 있을 텐데, 바이러스나 세균들이 모두 없어지면 좋겠다고 생각하나요?

사실 이것은 단순한 문제가 아닙니다. 왜냐하면 바이러스나 세균들이 **감기**만 일으키는 것은 아니거든요. 바이러스나 세균은 미생물로, 만약 이들 미생물들이 모두 없어지면 우리 생활의 많은 것이 변하게 됩니다.

미생물이란 맨눈으로 볼 수 없는 아주 미세한 생물들이며, 그 크기는 대략 0.1mm 이하입니다. 몸은 주로 세포 하나로 이루어져 있거나 **균사**로 되어 있습니다. 이들 미생물들은 지구 어디에나 있습니다. 인간이 살 수 없는 극한 환경에서도 잘 적응하며, 심지어 우리 몸 안에도 엄청난 수의 미생물이 살고 있습니다. 그럼 이런 미생물들이 모두 멸종할 때 우리에게는 어떤 일이 일어날까요?

균사
버섯은 실처럼 길고 가는 세포로 되어 있다. 이런 세포를 균사라고 한다. 버섯 무리를 곰팡이 무리와 합쳐서 균류라고 하는데, 균류에는 영양 기관이나 소화 기관 같은 것이 따로 없으며 그 구조는 매우 간단하다.

여기서 잠깐!

감기

코나 목구멍, 그리고 기관지 등의 호흡기 점막에 염증이나 알레르기성 병이 생기는 것으로, 바이러스나 인플루엔자 등에 의해서 발생한다.

• 발생 원인

감기의 원인이 되는 바이러스는 대략 50종에 이르는데, 대표적으로는 인플루엔자 바이러스, 아데노 바이러스 등이 있다.

감기의 발생은 한 가지 원인으로 보기 어렵고, 대부분은 차가운 기온으로 인한 체온의 불균형 분포와 지저분한 먼지의 자극 등이 함께 영향을 주어 발생한다.

• 증세

감기 증세는 서로 비슷한 듯하나, 침범된 부위나 원인, 연령이나 저항력(체력) 등에 따라 약간씩 차이가 있다.

보통 감기는 오한과 함께 고열이 나며, 머리가 아프고, 전신 근육통 등이 따른다. 코에 침범하였을 때에는 코의 점막이 부어서 콧물 분비가 심해지고 재채기도 나온다.

육지는 미라로 가득 찬다

《삼국지》를 보면 '적벽대전'이라고 하는 큰 전쟁에 대한 이야기가 상세하게 묘사되어 있습니다. 적벽대전은 적벽이라는 곳에서 조조의 군대와 손권의 군대가 싸우는데, 제갈공명이 불을 이용하여 손권의 군대가 이기도록 도와줬다는 내용입니다. 이때 조조의 군대는 거의 전멸하여 사망자가 100만에 가까웠다고 합니다. 이외에도 《삼국지》에는 여러 전쟁 상황이 나오는데, 전쟁으로 사망한 사람을 대충만 헤아려도 수백만 명이 넘습니다. 물론 인류 역사에는 더 많은 전쟁이 있었고, 전쟁으로 죽은 사람들은 그 수를 헤아릴 수 없을 만큼 많습니다.

❖ 《삼국지》의 적벽대전을 나타낸 그림

미생물들이 없다면, 인류 역사 이래로 죽은 시체들은 모두 썩지 않고 말라비틀어진 상태로 남을 것입니다. 가을이면 떨어지는 낙엽들과 함께 지구 전체를 두텁게 덮을 것입니다. 왜냐하면 사람의 시체나 동물의 사체 그리고 낙엽 등이 썩는 것은 모두 미생물의 분해 작용으로 일어나는 것이기 때문입니다. 미생물이 없으면 이들 말라비틀어진 시체나 낙엽들을 치우는 데 천문학적인 경비가 들어갈 것입니다. 이렇듯 미생물들은 생물체의 사체를 분해하여 생산자, 즉 식물에게 돌려줌으로써 물질 순환의 중요한 연결 고리가 됩니다.

바다에는 죽은 고래가 떠다닌다

플랑크톤이라는 말을 들어본 적이 있을 것입니다. 플랑크톤은 물에 떠돌아다니는 미생물인데, 광합성을 하는 식물성 플랑크톤과 이를 먹고사는 동물성 플랑크톤으로 구분할 수 있습니다. 일반적으로 식물성 플랑크톤은 조류에 속하고, 동물성 플랑크톤은 세균류에 속합니다. 이런 플랑크톤은 호수나 바다에서 **먹이 사슬**의 근본을 이루고 있습니다. 이들은 작은 물고기의 먹이가 되는데, 이들이 없어진다면 작은 물고기들은 며칠이 지나지 않아 영양실조로 모두 죽을 것이고, 차례로 큰 물고기들도 죽게 됩니다. 뿐만 아니라 강에 사는 식물은 미생물이 없어지면 질소 고정을 할 수 없게 되어 단백질 결핍으로 죽게 됩니다. 이렇게 되었을 때 강이나 호수, 바다의 모습은 어떻게 될까요? 단백질 결핍으로 흐물흐물하게 죽어가는 수초들, 먹이가 없어 굶어죽은 물고기, 심지어 고래와 같은 아주 큰 바다 생물들도 썩지 않아 퉁퉁 불은 상태로 떠다니게 될 것입니다. 강, 호수, 바다는 완전히 죽은 세계가 되겠지요.

식물이 영양실조에 걸린다

식물이 자라는 데는 물과 햇빛, 공기(이산화탄소나 산소)만 있으면 되는 줄 아는데, 그렇지 않습니다. 식물의 성장에

Click!
플랑크톤
http://plankton.cheju.ac.kr

먹이 사슬
세상에 살고 있는 동물과 식물은 어느 것이나 서로 잡아먹고, 잡아먹히는 관계를 이루는데, 이런 관계를 먹이 사슬이라고 한다. 먹이 사슬의 맨 아래에는 햇빛을 받아 스스로 양분을 만들어 내는 기초 생산자가 있고, 맨 마지막에는 날카로운 이빨로 먹이를 잡아먹는 큰 동물이 있다.

는 **비료의 3요소** 중 하나인 질소가 절대적으로 필요합니다. 식물들이 대기 중의 질소를 섭취하는 과정에는 뿌리혹박테리아 등과 같은 미생물의 도움이 필요합니다. 이를 질소 고정이라고 합니다. 따라서 박테리아와 같은 미생물이 없어지면 식물은 질소가 없기 때문에 단백질 합성을 할 수 없습니다. 단백질이 없다는 것은 식물의 성장뿐만 아니라 생식 활동이 불가능함을 의미합니다. 왜냐하면 DNA와 같은 유전 물질에는 단백질이 꼭 필요하기 때문입니다. 따라서 미생물이 없어지면 식물도 따라 죽게 되고, 이렇게 죽은 식물들은 미생물이 없어 썩지 않을 것입니다.

비료의 3요소

질소, 인산, 칼륨을 일컫는다. 질소는 엽록소를 만들고 잎을 무성하게 한다. 인산은 식물 성장에 도움을 주며, 꽃과 과실을 맺게 한다. 칼륨은 단백질, 전분 생성에 쓰이며 식물을 튼튼하게 만든다.

초식 동물들은 녹색 설사똥만 싸다가 죽는다

미생물이 없어지면 질소 고정이 불가능하므로 풀이나 나무 등의 식물들이 서서히 죽게 됩니다. 이런 식물을 먹은 초식 동물들은 한동안은 생존하겠지만, 매우 고통스러운 나날을 보내게 될 것입니다. 초식 동물들이 식물을 소화시킬 때에는 장 속에 있는 미생물들의 도움이 필요한데, 이들 미생물들이 없어졌으므로 섭취한 풀이나 나무 껍질 등을 소화시키지 못하고 영양분도 흡수할 수 없습니다. 초식 동물들은 소화되지 못한 식물 세포벽 때문에 먹기만 하면 녹색 설사똥을 계속 쌀 것입니다. 항문이 찢어지는 아픔이 계속되겠지만, 다행히 미생물이 없기 때문에 상처는 깊어지지 않을 것입니다.

이러한 현상은 사람들에게도 마찬가지입니다. 우리 몸에는 엄청나게 많은 수의 미생물이 살고 있는데, 특히 대장 속에 많이 있습니다. 대장에는 약 100조 마리의 미생물이 살고 있고, 그 종류도 400종이 넘는다고 합니다. 우리가 변을

Click!
유산균
http://pearl99.wo.to

헬리코박터균
위 점막에 기생하는 나선균으로, 위 궤양과 십이지장궤양 등과 같은 소화성 궤양의 원인으로 작용한다. 최근에는 암을 일으키는 원인 중 하나로 밝혀졌다.

보면 변의 많은 부분이 미생물이라 할 수 있습니다. 사람의 장은 미생물 공장인 셈이지요. 따라서 장 속에 좋은 미생물이 많으냐 나쁜 미생물이 많으냐에 따라 장의 건강 상태가 결정됩니다. 예를 들어 좋은 미생물인 **유산균**이 많으면 장이 건강하여 소화나 흡수가 잘 되는 것이고(그래서 비싼 돈을 들여 요구르트를 사먹는 것입니다.), **헬리코박터균**과 같은 나쁜 미생물이 많으면 위염이나 위궤양 등에 걸릴 확률이 높아집니다. 그런데 좋은 미생물이든 나쁜 미생물이든 모두 없어진다면 문제는 심각해집니다. 소화 기능이 급속도로 나빠져 소화장애가 일어날 것이고, 사람들은 설사와 복통을 호소할 것입니다. 소화 불량이 심해지면 지독한 변비나 설사에 시달리게 되고 피똥을 싸다가 쓰러지는 사람이 많아질 것입니다. 솔직히 이번 상상은 좀 지저분하지요?

맛없는 세상이 된다

우리 식탁에서 절대로 빠지지 않는 **김치**도 맛볼 수 없게 됩니다. 그 외에도 된장, 간장, 젓갈 등의 발효 식품도 더 이상 만들지 못하게 됩니다. 뿐만 아니라 전 세계인의 음식인 치즈도 만들 수 없습니다. 치즈가 들어가지 않는 피자, 별맛이 없겠지요? 그리고 빵 제조에도 심각한 문제가 생깁니다. 빵을 부풀릴 때 **이스트**라고 하는 균을 사용하기 때문입니다. 그리고 무엇보다 술 생산이 불가능해집니다. 아버지들에게 술 없는 세상은 재미없고, 낭만 없고, 맛없는 세상이 될 것입니다.

이 때문에 김치 공장, 간장·된장 공장은 모두 문을 닫고, 피자집, 빵집도 문을 닫아야 할 것입니다. 그리고 이 땅의 수많은 술집들이 문을 닫아, 지구의 밤은 어둡고 쓸쓸해

이스트
빵 효모로, 당분이나 영양분을 가한 습기가 있는 밀가루에 섞으면 알코올 발효를 일으킨다. 발효 과정에서 다량의 이산화탄소를 발생시켜 빵을 부풀린다.

질 것입니다.

그 외에도 많은 문제점이 일어납니다. 음식 쓰레기가 분해되지 않아 처리 문제로 골치가 아플 것입니다. 우리가 배설한 대소변도 정화조에서 분해되지 않을 테니까 강과 바다에는 60억 인구가 매일 쏟아내는 누런 똥들이 둥둥 떠다니게 됩니다. 그리고 무엇보다도 녹색 식물의 멸종으로 광합성이 일어나지 않아 더 이상 산소가 생성되지 않을 것입니다. 결국 지구상의 모든 생물은 산소 결핍으로 생명을 잃게 됩니다. 당연히 그 속에 사람도 포함됩니다.

물론 미생물이 없으면 좋은 일도 있습니다. 병에 걸리거나 다쳐도 상처가 곪아 생명을 잃는 일은 없을 것입니다. 에이즈(AIDS)나 콜레라 같은 위험한 병도 사라지겠지요. 그러나 병이 사라지면 뭐합니까? 이미 생명체는 모두 멸종해 지구에는 아무것도 없을 것인데.

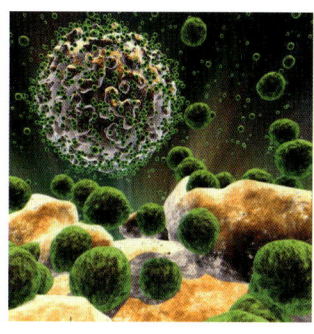
🔶 에이즈균을 그래픽으로 표현한 그림

여기서 잠깐!

김치는 어떻게 만드나

1. 배추 절이기
배추 1포기당 필요한 굵은소금은 약 3/4컵 정도이다. 소금의 총량 중 반 정도를 덜어서 물 2컵에 풀어 녹인 후, 그 물에 깨끗이 손질한 배추를 담가 속까지 충분히 적셔준다. 남은 소금은 배추에 직접 뿌리고, 배추가 충분히 절여지면 소금기를 씻어낸다.

2. 양념 만들어 넣기
고춧가루를 물에 녹인 것에 채

썬 무를 잘 버무리고 각종 채소, 생강, 마늘 등을 넣어 무친다. 잘 숙성된 까나리젓이나 새우젓, 소금, 설탕 등을 넣어 간을 맞춘다. 물기를 빼둔 배춧잎 사이에 양념을 골고루 넣어준다.

3. 김치 숙성시키기
김치를 적당한 온도에서 숙성시키는데, 오래 보관하려면 김치 위에 곰팡이가 하얗게 피지 않도록 해야 한다. 하얀 곰팡이가 생기면 김치의 신맛이 강해지면서 냄새가 나기 때문이다.

배추 등 김치 재료

미생물

육안으로는 관찰할 수 없고 현미경으로만 관찰할 수 있는 작은 생물로, 단일 세포 또는 균사로 이루어져있다. 최소한의 물질대사를 하며 살아간다.

1. 미생물의 종류

조류, 균류, 원생동물류, 효모류, 바이러스, 박테리아 등이 있다.

2. 미생물의 활동과 이용

미생물들은 지구 어디나 물이 있는 곳이면 살 수 있고, 사람을 비롯한 동식물에게 다양한 질병을 일으키는 원인이 된다. 식중독을 일으키는 미생물, 각종 물질을 변질 또는 부패시키는 미생물 등이 있다. 그러나 미생물은 식품 생산과 의약품 제조에도 다양한 방법으로 이용되며, 최근에는 환경 오염물질의 분해에 활용되어 수질 환경 및 토양의 지력 보존에 큰 역할을 하고 있다.

도깨비감투

투명 인간이 되면 어떻게 될까?

사람 눈에 보이지 않는 인간을 투명 인간이라 하지요. 사람들은 누구나 한 번쯤은 투명 인간이 되고 싶어 하는 것 같습니다. 투명 인간이 되어서 무엇을 할지는 모르겠지만 말이지요.

투명 인간에 대한 이야기는 많습니다. 옛날 《도깨비감투》라는 만화에서는 도깨비가 준 감투가 주인공을 투명 인간으로 만들었고, 오늘날 전 세계 어린이들의 사랑을 받는 《해리 포터》에서는 주인공 해리가 망토를 걸쳐 투명 인간이 되기도 합니다. 소설 《개미》로 유명한 프랑스 작가 베르나르 베르베르는 최근 《나무》라는 작품에서 '투명 피부'라는 제목으로 투명 인간에 대한 글을 썼습니다. 《나무》에 나오는 투명 인간을 보면, 그는 원래 과학자였는데 투명 인간을 만드는 약을 발명한 후에 스스로 그 약을 먹고 투명 인간이 됩니다. 그런데 완전한 투명 인간이 되지 못하고 혈관과 내장이 보이는 불완전한 투명 인간이 되고 맙니다. 거기다, 원래 상태로 되돌아오는 약을 개발하지 못해 미완성의 투명 인간인 상태가 되는데, 결국은 서커스단에 들어가 사람들 앞에 자신의 모습을 보여주는 일을 하며 살아

● 영화 〈해리포터와 아즈카반의 죄수〉
해리포터는 호그스미드 마을에 들어갈 때 아버지가 물려준 투명 망토를 이용해 들어간다.

가게 됩니다.

　이처럼 재미있는 이야기 소재가 되는 투명 인간은 과연 어떤 존재일까요? 말 그대로 깨끗한 유리처럼 투명하여 눈에는 보이지 않는 사람을 상상하면 될까요? 글쎄요, 과연 그렇게 쉽게 생각할 수 있는 문제는 아닌 것 같습니다.

❍ 영화 속에 나오는 투명 인간

　투명 인간의 원리를 알려면 빛의 성질을 알아야 합니다. 무엇이 보인다는 것은 사람의 눈이 어떤 물체에서 반사되는 빛을 느끼고 뇌에서 그 물체에 대한 기억을 살펴서 판단하는 과정을 거칩니다. 바나나가 노랗게 보이는 것은 바나나가 노란색 빛을 반사하기 때문이고, 장미가 빨갛게 보이는 것은 장미가 빨간색의 빛을 반사하기 때문입니다. 또 우리 눈이 노란색 빛과 빨간색 빛을 인식하기 때문이기도 하지요. 만약에 모든 색의 빛을 반사하는 물체가 있다면 그 물체는 희게 보일 것이고, 그것이 빛을 전혀 반사하지 않는다면, 검게 보일 것입니다.

　그러므로 투명 인간이 된다는 것은 몸이 빛을 반사하지 않고 그대로 통과시킬 수 있다는 것을 의미합니다.

　그러면, 사람의 몸을 아주 맑고 투명한 유리로 만든다면 투명 인간이 될 수 있을까요? 아닙니다. 사람 몸의 형태는 평면이 아니므로, 유리로 된 몸을 빛이 통과할 때 굴절을 하게 되어 반대편의 풍경이 찌그러져 보이거나 주변 부분이 하얗게 보일 수 있습니다. 빛이 굴절하지 않도록 하기 위해서는 몸을 이루는 물질의 밀도가 공기의 밀도와 같아야 하는데, 공기의 밀도와 같은 물질이라면 투명 인간이 되자마자 몸이 금방 부풀어 올라 공기처럼 팽창한 후, 공기와 섞여 허공으로 사라지고 맙니다. 투명 인간은 허공에 산산이 부서진 이름이 되고 마는 것입니다.

문제는 또 있습니다. 사람의 몸에는 많은 양의 혈액이 흐르고 있는데, 혈액은 산소와 영양분을 몸의 각 세포에 공급하는 중요한 역할을 하고 있습니다. 혈액이 산소를 운반할 수 있는 것은 혈액 속의 헤모글로빈이라는 물질이 있기 때문이고, 헤모글로빈 때문에 혈액이 붉게 보이는 것입니다. 결국 투명 인간이 되려면 그 헤모글로빈도 투명해져야 할 텐데, 투명한 헤모글로빈은 산소를 운반할 수 없습니다. 따라서 투명 인간이 되면 산소 결핍으로 몸이 파랗게 되다가 죽고 말겠지요.

그리고 음식은 어떻게 해야 할까요? 투명 인간으로 변하기 위해서는 며칠 전부터 물 한 모금도 마실 수 없는 고통을 견뎌야 합니다.

투명 인간이 되는 길은 정말 험난하고 고통스럽군요. 쯧쯧, 그래도 투명 인간이 되고 싶은 사람이 있습니까?

그래요. 어떻게 어떻게 해서 여러분이 투명 인간이 되었다고 합시다. 투명 인간이 된다면 무슨 일을 하고 싶나요? 착한 마음씨의 사람이라면 좋은 일을 하며 시간을 보내겠지요. 혼자 사시는 할머니들에게 찾아가 몰래 먹을 것을 전해

드리거나 청소를 해 줄 수도 있을 것입니다. 아니면, 나쁜 짓을 하는 사람을 찾아가 혼내 줄 수도 있겠지요. 그렇지만, 조금 짓궂은 사람이라면 괜히 길 가는 사람을 놀라게 하거나 남학생이라면 몰래 여탕에 가보기도 할 것입니다. 악당들은 은행이나 귀금속 가게에 가서 도둑질을 하겠지요. 이런 생각을 가진 사람들이 투명 인간이 되어서는 절대 안 되겠지요.

투명 인간이 되면 엄청나게 부지런하고 깔끔해야 합니다. 몸에 먼지가 앉거나 때가 끼거나 얼룩이 튀면, 금방 사람들이 알아볼 테니까요. 또 더위나 추위에는 매우 강해야 합니다. 더워서 땀을 흘리면 그것으로 탄로가 나고, 겨울에는 춥더라도 들키지 않도록 옷을 입지 말아야 하니까요.

그런데, 결정적인 문제가 하나 더 있습니다. 투명 인간은 다른 사람의 눈에 보이지 않지만, 자신도 다른 것을 볼 수 없습니다. 왜냐하면, 투명 인간이 되려면 눈의 수정체나 망막까지도 투명해야 하거든요. 눈의 제일 뒤쪽에 있는 망막은 수정체를 통해 들어온 빛이 맺히는 스크린과 같은 역할을 합니다. 하지만 이 망막이 투명해지면 눈으로 들어온 빛이 그대로 통과하기 때문에 전혀 볼 수가 없게 되지요. 앞을 볼 수 없는 투명 인간이라…, 정말 아쉽네요. 지금도 투명 인간이 되어서 뭔가를 몰래 해보겠다는 야무진 꿈을 꾸고 있다면, 이 글을 읽고 정신 차리세요. 투명 인간은 무슨 투명 인간.

눈의 구조

눈은 빛을 느끼는 감각 기관이다. 사람은 눈을 통해서 세상을 본다. 사람이 어떤 물체를 볼 수 있는 것은 그 물체의 정보를 담은 빛이 눈의 각막과 수정체를 통과하여 망막에 맺히고, 망막에서 시신경을 거쳐 대뇌에 도달한 뒤, 시각으로 받아들여지기 때문이다.

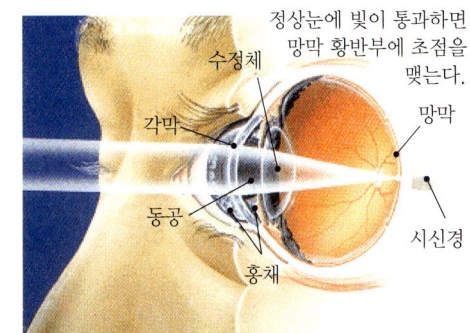

1. 각막

눈의 가장 바깥쪽에 있는 투명한 조직으로 0.5mm 정도 되는 얇은 막이다. 빛이 이곳에서 굴절하여 동공으로 들어간다.

2. 수정체

양면이 볼록한 돋보기 모양의 무색 투명한 구조로, 두께는 4mm, 직경은 9mm 정도이다. 각막과 함께 눈의 주된 굴절 기관이며 탄력성이 있어서 가까운 곳을 볼 때는 두께가 두꺼워지고, 먼 곳을 볼 때는 얇아진다.

3. 망막

안구 안쪽에 붙어 있는 얇은 막으로, 카메라 필름의 표면에 해당된다. 빛이 이곳에 맺혀 시신경을 거쳐 대뇌로 간다. 따라서 망막이 투명하면 빛은 그대로 통과되므로 시각 정보를 대뇌로 보낼 수 없다. 즉, 무엇을 보려면 망막이 반드시 불투명해야 된다.

빛과 시간

그림자 없는 세상

빛이 직진하지 않으면 어떻게 될까?

사람들이 대중 매체를 통해 '레이저'라는 것을 처음 접한 것은 〈스타워즈〉라는 영화에서 주인공들이 레이저 검으로 결투하는 장면을 보면서부터일 것입니다. 영화에서 오비완과 다스 베이더가 레이저 검으로 결투하는 장면이 나오는데, 오비완은 다스 베이더의 레이저 검을 맞고 흔적도 없이 사라져 버리지요. 실제로 그런 일이 일어날까요? 아니에요. 왜냐하면 레이저는 빛인데, 빛은 멈추지도 않고 부딪혀도 그냥 스쳐 지나갑니다. 따라서 〈스타워즈〉의 레이저 검은 존재할 수 없고 다만 상상 속에서만 있을 수 있는 검이지요. 영화 제작자가 빛의 성질을 제대로 아는 사람이었다면 레이저 검을 영화에 등장시키지 않았을 거예요.

최근 각종 행사에 레이저를 이용한 화려한 쇼가 많이 등장하고 있습니다. TV 음악 프로그램에서도 환상적인 레이저 쇼가 자주 나옵니다. 이제 레이저 쇼는 사람들에게 그리 낯설지 않습니다. 레이저가 전달되는 것을 보면 빛이 똑바로 가는 것을 볼 수 있습니다. 그런데 만약에, 빛이 직진하지 않고 구불구불하게 간다면 어떤 일이 일어날까요?

🔾 영화 〈스타워즈〉의 한 장면

그림자가 없는 사람들

빛이 직진하지 않는다면 제일 먼저 여러분의 그림자가 없어지거나, 몸의 형태와는 전혀 다른 이

상한 모양의 그림자가 생길 것입니다. 그림자가 없는 사람이라…, 섬뜩한 느낌이 들지 않나요? 유령이나 귀신을 구별할 때 그림자가 있나 없나를 두고 판단하기도 하는데 말입니다. 그림자란 빛이 직진하는 성질을 가지고 있어 무엇에 부딪히면 돌아가거나 통과하지 못하기 때문에 빛이 도달하지 못하는 부분이 검게 보이는 것이지요. 따라서 빛이 직진하지 않고 돌아가거나 휘어져 간다고 한다면 사람의 그림자가 생기는 곳에 빛이 갈 수 있거나 아니면 아예 다른 곳으로 가게 되어 그림자가 생기지 않거나 다른 모양의 그림자가 생기게 됩니다. 이것은 사람뿐만 아니라 다른 물체도 마찬가지입니다. 사과의 그림자가 생기지 않거나, 생기더라도 고구마의 그림자처럼 보이기도 하겠지요. 또 그림자를 이용한 놀이나 연극 등은 할 수 없습니다.

모두가 백설공주

거울이 없어도 옆이나 뒤를 볼 수 있겠지요. 우리가 뒤를 볼 수 없는 것은 빛이 직진하기 때문에 뒤에서 나오는 빛을 우리 눈이 느낄 수 없기 때문입니다. 그런데 빛이 휘어져 움직일 수 있다면 뒤에서 오는 빛이 바나나킥처럼 휘어져 우리 눈에 올 수 있습니다. 그러면 고개를 돌리거나 거울을 이용하지 않아도 뒤에서 일어나는 일을 볼 수 있게 됩니다. 이렇게 되면 수업 시간에 장난치거나 몰래 도시락을 까먹는 일은 할 수 없겠지요. 선생님이 고개를 돌리지 않아도 학생들이 무엇을 하는지 다 볼 수 있으니까요. 또 투수가 항상 뒤를 감시

할 수 있으므로 야구 선수들은 도루를 하기 힘들어질 거예요. 사람들 뒤에서 몰래 욕하는 일이나 짓궂은 짓을 하기도 힘들 테지요. 반면에 자동차 운전은 아주 쉬워질 것입니다. 거울을 이용하지 않아도 뒤가 보이니 말입니다. 또한 거울이 없어도 자신의 얼굴을 볼 수 있겠지요. 그러면 거울이 필요 없게 되어 거울 공장은 문을 닫아야겠지요.

빛이 똑바로 가지 않고 구불구불하게 움직인다면 물체의 윤곽을 또렷하게 볼 수 없답니다. 그러면 거울 앞에서 곱게 화장한 여성들은 흐릿하게 보이는 자신의 얼굴을 보고, 스스로 아름답다고 착각할 수도 있겠지요. 바깥 선이 흐려지면 예쁘게 보이는 경우가 많으니까요. (세상의 여자들이 모두 공주병에 걸리면 남자들은 공주님들을 모시느라 괴로워질 겁니다. 아니면 같이 잘 안 보일 거니까 자기 여자 친구가 진짜 백설 공주처럼 예쁘다고 생각할 수도 있겠네요.)

별이 빛나지 않는 밤

밤에 아름다운 오리온자리도 볼 수 없습니다. 별빛이 직진하지 않는다면 그 먼 곳에서 지구까지 올 때 빛은 이미 다른 곳으로 갔을 테니까요. 태양은 또 어떻게 보일까요? 지금처럼 둥근 모습이 아니라 찌그러진 모습이 되거나 그냥 전체적으로 밝게 빛나는 형태가 될 것입니다. 별이나 태양뿐만

아니라 달이나 다른 행성을 관측하기가 무척 어려워질 것입니다. 달이나 행성이 어느 날에는 잘 보이다가, 어느 날에는 감쪽같이 사라져 보이지 않을 수도 있습니다.

이렇게 되면 달의 운동을 기준으로 하여 만든 음력이라는 시간 개념은 없어질 것이고, 행성의 운행을 설명하기 위

해 발달한 천문학이나 물리학이라는 학문은 존재하지도 않았겠지요.

바빠지는 나뭇잎

태양 빛을 받아 사는 식물들의 잎은 바빠질 거예요. 빛이 직진하지 않기 때문에 어느 쪽으로 빛이 올지 알 수 없으니까 태양 빛이 오는 방향을 찾아 이리저리 몸을 비틀어야 하니까요.

그러나 더 큰 문제는 지금까지 지구로 오는 태양 빛의 양에 변화가 생기는 것입니다. 지금보다 더 적은 빛이 온다든지 많은 빛이 온다든지 하는 일이 생길 수도 있고, 또 일정한 햇빛의 양이 아니라 수시로 그 양이 변할 수 있기 때문에 지구의 기후나 생태계는 큰 혼란에 빠지게 되지요. 바람의 방향, **해류의 방향** 등이 자주 변하게 되고, 동식물은 추위와 더위에 적응하기 위해 많은 에너지를 소모해야 할 것입니다.

해류의 방향
해류를 발생시키고, 이동 방향을 정하는 요인은 여러 가지가 있다. 가장 중요한 것은 바람, 열로 인한 바닷물의 팽창과 수축 그리고 바닷물 사이의 밀도 차이이다. 여기에 중력, 마찰력, 그리고 전향력 등이 작용하여 해류의 방향이 달라진다.

무지개가 뜨지 않는 세상

빛이 직진하지 않는다면, 빛의 굴절률에도 이상이 생깁니다. 빛이 구불구불하게 움직인다면 굴절률도 불규칙적이므로 빛의 굴절에 의해서 생기는 현상들이 혼란스럽겠지요. 대표적으로 안경을 들 수 있습니다. 학생들이 쓰는 안경은 **오목 렌즈**의 굴절률을 이용하여 빛의 초점을 뒤로 움직이는 효과가 있어 물체를 또렷하게 볼 수 있도록 해줍니다. 또한 나이 드신 어르신들이 쓰는 안경은 **볼록 렌즈**의 굴절률을 이용하여 빛의 초점을 앞으로 움직여 가까운 곳에 있는 글자를 잘 볼 수 있게 해줍니다.

그런데 굴절에 이상이 생긴다면 안경은 제 역할을 할 수 없어 쓸모가 없어질 것입니다.(아, 이번에는 안경점이 문을

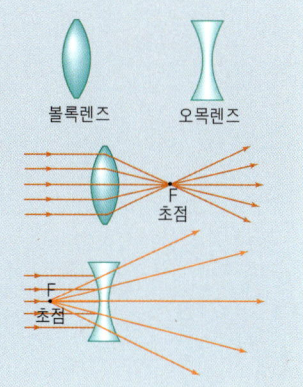

여기서 잠깐!

오목 렌즈와 볼록 렌즈

• **볼록 렌즈**

가운데 부분이 가장자리보다 두꺼운 렌즈이다.

· 볼록 렌즈로 평행하게 들어온 빛은 한 곳으로 모인다.

· 볼록 렌즈의 초점 가까이 있는 물체는 크게 보인다.

• **오목 렌즈**

가장자리가 가운데 부분보다 두꺼운 렌즈이다.

· 오목 렌즈를 통과한 빛은 퍼진다.

· 오목 렌즈를 통해 물체를 보면 작게 보인다.

닫아야 겠네요.)

그리고 무지개를 볼 수 없습니다. 무지개는 공기 중의 작은 물방울이 태양 빛을 굴절, 반사시켜 아름다운 일곱 가지 무지개 색을 나타내는데, 굴절에 이상이 생긴다면 그 무지개는 제대로 된 색을 표현할 수 없겠지요. 같은 이치로 우리는 물체의 다양한 색을 느낄 수 없게 됩니다. 물체의 색은 빛이 서로 다른 굴절률로 우리 눈에 들어오기 때문에 나타나는 현상이기 때문이지요. 검은색 머리카락이 노랗게 또는 파랗게 보일 테고, 붉은 장미도 이상한 색으로 보이겠지요. 텔레비전이나 영화를 보려면 무척 헷갈릴 것입니다. 영상 문화에 관련된 산업이 모두 문을 닫을 것입니다.

동물 세계에서 아름다운 색깔로 이성을 유혹하는 일이 어려워지니까 종족 번식에 문제가 생겨 점점 그 수가 줄어드는 동물들이 생겨날 것입니다. 뿐만 아니라 보호색을 사용하기 어려우므로 지금까지 **보호색**으로 생명을 지켜왔던 많은 동물들이 살아가기 어렵게 될 것입니다. 꽃은 더 이상 아름다운 색으로 자신을 뽐내지도 못할 것이고요.

보호색
다른 동물에게 발견되지 않도록 주위 환경이나 배경의 빛깔과 비슷하게 되어 있는 동물의 몸 색깔을 말한다.

빛이 직진하지 않는다면 성범죄도 많아지지 않을까 생각합니다. 상대방이 잘 보이지 않으니까 손으로 만져보는 경우가 많아지지 않겠어요? 다행히 상대방이 자신이 잘 아는 친구이거나 같은 성의 사람이라면 상관이 없는데, 전혀 모르는 이성이라고 한다면 문제는 심각해질 것입니다. 혹시 특정 부위를 만지게 되면 이건 영락없는 성폭행범이 될 수 있습니다. 이런 일을 피하기 위해서 시각 대신에 후각이 매우 발달할 것입니다. 서로 좋아하는 냄새로 연인을 판단하게 되겠지요. 그리고 청각도 발달할 것입니다.

빛이 직진한다는 것이 얼마나 다행스러운 일인지 알겠지요? 속삭이는 아침 햇살, 싱그러운 푸른 숲, 황홀한 저녁노을, 재미있는 영화, 신나는 뮤직 쇼 등을 원하는 대로 볼 수 있으니까요. 만약 빛이 직진하지 않는다면 무슨 재미로 살아갈까요?

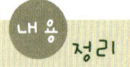

빛의 성질

빛은 전자기파의 형태로 1초에 약 30만 km의 속도로 공간을 이동한다. 우리 인간은 이 빛 중에서 아주 작은 범위만을 보고 느낄 수 있다. 빛의 주요한 성질로는 반사, 흡수, 굴절 등이 있다.

1. **반 사** 빛은 어떤 물체의 표면에 부딪치면 반사한다. 이때 반사되는 빛으로 우리는 물체의 형태와 색을 판별할 수 있다.

2. **흡 수** 빛은 반사 물체의 표면 색상에 따라 동일한 색상은 반사하고 나머지 다른 색은 흡수한다. 예를 들어 빨간 사과가 빨간색으로 보이는 것은 사과가 빨간색을 제외한 나머지 색상은 흡수하고 빨간색만 반사하기 때문이다.

3. **굴 절** 빛은 직진하는 성질을 지니고 있지만, 밀도가 다른 물체에 부딪치면 굴절한다. 부딪친 물체의 표면 상태에 따라 굴절하는 각도가 달라지며 일부 흡수되기 때문에 빛의 양은 그만큼 감소하기도 한다. 빛의 굴절 현상은 우리에게 물체의 형태를 구분할 수 있게 한다.

KTX 기관사 부인의 고민

빛의 속도가 느려지면 어떻게 될까?

이 세상에서 가장 빠른 것은 무엇일까요? 총알? 미사일? 아니면 눈 깜빡할 새? 모두 아닙니다. 이 세상에서 가장 빠른 것은 빛입니다. 빛은 1초에 30만 km를 이동합니다. 빛이 이렇게 빨리 움직이고 있기 때문에 우리는 텔레비전도 볼 수 있고, 인터넷도 할 수 있습니다. 그렇지만 사람들은 빛의 속도가 빠르다는 것에 대해 큰 관심이 없습니다. 빛이 느리게 움직이면 어떤 일이 일어나는지 잘 모르기 때문이지요.

빛이 지금보다 느리게 이동한다고 생각해봅시다. 어떤 일이 일어날까요?

빛의 속도가 느려지면 어떤 일이 일어나는지 비교하기 위해 빛의 속도를 소리의 속도(소리의 평균 속도는 340 m/초)와 같아졌다고 가정해봅시다. 소리의 속도는 실제 빛의 속도보다 약 100만 배 느리답니다.

아주 쉬운 예로 전화통화를 들어볼까요. 앞에서 빛의 속도가 소리의 속도와 같다고 가정했으니까 빛은 1시간에 약 1,200 km 속도로 이동한다고 생각할 수 있습니다.

자, 그러면 서울에 있는 부인이 부산으로 출장 간 남편에게 전화를 하고 있다고 생각해봅시다. 부인이 전화기에 대고 "여보세요."라

🔆 전화하는 영화의 한 장면

고 합니다. 부인의 음성은 전화기 안으로 들어가 전자 신호로 바뀌지요. 이 신호는 전파로 전화선을 타고 남편이 있는 호텔 객실의 전화기로 이동합니다.

전파의 속도는 빛과 같은 속도로 1시간에 1,200km로 움직인다고 가정했으니까 서울에서 부산까지 가는 데(계산하기 쉽게 약 400km 거리라고 합시다.) 약 20분이 걸립니다. 남편은 20분 전에 서울에서 출발한 부인의 음성을 듣고, "응, 나야."라고 대답하겠지요. 남편의 대답이 서울의 부인까지 가는 데 또 20분이 걸립니다. 부인은 "여보세요."라고 한 후, 40분을 기다린 후 남편의 대답을 듣겠지요. 그리고, "잘 있어요?"라고 안부를 묻겠지요. 다시 20분 후에 남편은 그 말을 듣고 "응, 그래 잘 있어요."라고 대답을 합니다. 20분 후에 그 소리를 들은 부인은 하고 싶은 말을 할 테고. 이 부부는 몇 마디를 위해 밤을 꼬박 세워야 할 겁니다. 뿐만 아니라 전화 요금은 엄청나게 나올 것입니다. 그 시간에 다른 사람들과는 전화 통화를 하지 못하겠지요. 밤새도록 통화중일 테니까요. 만약에 미국으로 출장 간 남편과 전화 통화를 하려면 가기 전에 미리 전화 시간을 약속해야 할 것이

전파의 속도

전파의 속도는 빛의 속도와 같다. 왜냐하면 빛의 본질은 전자기파이기 때문이다.

고, 몇 마디의 전화 통화는 며칠 밤낮이 걸릴 것입니다. 남편은 부인과 통화하기 위해 정작 해야 할 업무는 볼 수 없겠지요. 이렇게 되면 전화 문화는 매우 비효율적인 것이 될 것이고, 전화를 이용한 음성 서비스 사업은 왕창 망하겠지요.

전화뿐만이 아닙니다. 통신 문화는 마비 상태가 됩니다. 오늘날과 같이 발달한 인터넷 문화는 생기지 않을 겁니다. 그리고 모든 전자 제품은 전자의 움직임으로 작동하는데, 전자가 느리게 움직이니까 제대로 작동할 수 없겠지요. 특히 컴퓨터는 CPU 안의 전자의 이동이 느려진 결과로 연산 속도가 지금보다는 수십만 배 느려질 것입니다. 어떤 프로그램도 제 시간에 작동할 수 없게 되는 거죠. 예쁜 아기 사진을 한 장 스캐닝 받는 데도 몇 달이 걸립니다. 뿐만 아니라 도시의 전산 시스템은 모두 마비가 될 것입니다. 은행 업무, 연금 관리, 의료 서비스, 가스 공급, 전철의 운행 등 대부분의 업무가 사람들이 직접하는 수작업으로 이루어지겠지요. 결국 현대 문명을 떠받치고 있는 모든 분야가 백 년 전 과거의 시스템으로 움직이게 될 것입니다. 상상이 가나요?

세계 각국에서 일어나는 사건들을 접하는 시간도 늦어집니다. 전파의 빠른 속도 때문에 전 세계가 텔레비전을 통해 동시에 볼 수 있었던 올림픽 개막 행사도 개최지로부터 가까운 나라부터 차례로 보게 될 것입니다. 지구의 둘레가 약 40,000 km인데, 이를 고려해 생각해본다면 개최지로부터 가장 먼 곳까지 올림픽 개막 장면이 전달되기 위해서는 무려 30시간 이상이 걸립니다. 결국 지구촌은 서로 다른 시간대에 살게 되는 것이지요. 또, 매일 아침에 보는 태양에서 오는 빛

CPU (중앙처리장치)
컴퓨터에서 명령어의 해석과 자료의 연산, 비교 등의 처리를 수행하는 핵심적인 장치이다.

🔶 인공위성을 통해 전 세계에 중계된 서울 올림픽 개최 장면

⬆ 일출 장면

도 오늘 아침의 빛이 아닐 것입니다. 약 100만 년 전의 빛이지요. 만약 태양이 오늘 대폭발을 하여 사라진다면 지구는 100만 년 후에 하늘이 캄캄해지고, 태양 폭발로 인한 피해를 받을 것입니다.

뿐만 아니라, 빛의 속도가 느려진다는 것은 태양과 같이 핵융합으로 에너지를 만들어 빛을 내는 우주의 모든 천체에서 **핵융합** 과정이 느려진다는 것을 의미합니다. 에너지 발생 과정이 느려지면 생산되는 에너지량이 줄어들 것이고, 별빛은 지금보다 현저하게 어둡게 됩니다. 태양도 지금처럼 밝지 않을 테고, 어두운 하늘, 어두운 우주가 되겠지요. 태양 빛을 반사하여 우리 눈에 보이는 달이나 금성 등은 아예 보기도 어렵게 되고, 사람들은 달이나 행성에 관련된 모든 천체 현상을 모르고 지내게 됩니다.

만약 처음부터 빛의 속도가 이렇게 느렸다면 태양 빛에 의존하여 진화해온 지구 생명체들의 생명 활동 형태도 달라졌을 것입니다. 생체 활동이 훨씬 느리게 이루어지고, 진화도 더 많은 시간이 걸렸을 것입니다. 지금과 같은 다양한 생물의 종은 존재하지 않을 테고, 아마 사람과 같이 뛰어난 생명체는 아직 지구에 나타나지 않았을 것입니다.

우주의 크기가 지금보다 훨씬 작을 것이고, 우주의 수명은 더 길어질 것입니다. 안드로메다 은하와 같은 외부 은하는 아직도 관측이 안 되었겠죠. 말하자면 끝이 없습니다.

그리고 재미있는 현상이 매일 일어날 것입니다. 아인슈타인은 아주 빠른 속도로 움직이면 시간이 늦게 간다고 했습니다.

빛의 속도로 움직이면 시간은 거의 정지된다고 하였고,

핵융합

가벼운 원자핵이 융합하여 보다 무거운 원자핵이 되는 과정에서 에너지를 내는 방법이다. 핵융합에는 1억°C 이상의 높은 온도가 필요한데, 태양과 같은 별은 그 빛에너지가 핵융합에서 생긴다. 이 과정을 이용하면 수소 폭탄을 만들 수 있다.

여기서 잠깐!

우주의 크기는 얼마일까?

우주의 크기는 우주가 팽창한다는 우주 팽창론을 통해 구할 수 있다. 우주 팽창론이 나올 수 있었던 것은 멀어지고 있는 별에서 나오는 빛은 지구의 실험실에서 측정한 파장보다 길게 나온다는 도플러 효과가 발견되었기 때문이다.

즉, 별은 우리 지구로부터 점점 멀어지고 있고 멀리 있는 별일수록 더 빨리 멀어지고 있다. 따라서 지구에서 관측할 수 있는 우주의 끝은 지구에서 관측했을 때 가장 빠른 속도로 멀어지고 있는 별까지의 거리라고 볼 수 있다.

과학자들의 계산에 의하면 우주의 끝은 약 177억 광년이 떨어진 곳으로 지구와 태양 간 거리의 약 1,122조 배라고 한다.

이것은 현대 물리에서 실제로 증명되고 있는 사실입니다. 그런데 빛의 속도가 현저하게 느려진다면 빛의 속도보다 빨리 움직이는 것이 존재하겠지요.(물론 아인슈타인은 빛의 속도보다 빠른 것은 존재하지 않는다고 했답니다.) 예를 들어 현재 고속 철도 KTX의 속도는 시속 300 km인데, 앞에서 말한 빛 속도(느려진 빛의 속도)의 약 1/4 수준이지만 상대적으로 매우 빠른 속도입니다. 따라서 고속 철도 안에서는 시간

○ 전국을 3시간대로 잇는 고속철도

이 느리게 갑니다. 고속 철도를 자주 이용하는 사람은 그렇지 않은 사람보다 오래 살 수 있는 셈이지요. 고속 철도를 운행하는 기관사의 부인은 많은 스트레스를 받을 것입니다. 자신은 늙어 가는데, 남편의 늙는 속도는 자신보다 느리니까 말이에요. 매일 다이어트하고, 피부 관리하느라고 꽤 고생하겠지요? 아주 빠른 제트 비행기 기장의 부인은 더 심할 테지요.

또 아인슈타인은 빠르게 움직이면 길이가 짧아진다고 했습니다. 그러므로 고속 철도나 비행기 또는 경주용 자동차

들은 모두 길이가 짧아져 몽당연필처럼 보일 것입니다. 또 무슨 일이 일어날까요? 드디어 타임머신을 만들 수 있을 것입니다. 빛보다 빨리 움직이는 타임머신은 시간 여행이 가능하겠지요. 이렇게 되면 우주의 시간은 뒤죽박죽이 될 것입니다.

그러면 상상에서 벗어나 실제로 빛의 속도가 느려질 수는 있는 것일까요? 최근에 물리학자들은 빛의 속도가 1초에 고작 8 m를 갈 정도로 느리게 가도록 만들었다고 해요. 100 m 달리기로 치자면 12.5초입니다. 이 속도는 100 m를 9.79초에 돌파하는 인간보다 확실히 느린 셈이지요. 느림보 빛을 만드는 데 사용한 기술을 '보즈-아인슈타인 응축'이라고 하는데 이 현상은 절대 0도, 즉 −273도에 가깝게 냉각될 때 만들어집니다. 빛을 느리게 만드는 이유는 **양자 컴퓨터**와 같은 양자 제품을 만들기 위해서입니다. 그러나 이렇게 빛의 속도를 줄이는 것은 특별한 환경에서만 가능합니다.

재미있는 상상이었나요? 아니면 생각하기도 싫은 황당한 상상이었나요? 결론적으로 빛의 속도는 달라지지 않을 테니까 너무 걱정하지 말고 열심히 살아갑시다.

양자 컴퓨터
양자 컴퓨터의 원리는 병원에서 사용되는 MRI 촬영 기술과 본질적으로 동일하다. 양자 역학의 기본 법칙에 따르면, 원자 하나가 양자 컴퓨터에 추가될 때마다 컴퓨터의 계산 능력은 두 배로 뛰게 된다. 현재의 컴퓨터로는 해독하는 데 수백 년 이상 걸리는 암호체계도 양자 컴퓨터를 이용하면 불과 4분 만에 풀어낼 수 있다고 한다.

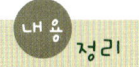

아인슈타인의 상대성 이론과 빛의 속도

상대성 이론의 핵심은 세상의 모든 것이 영원히 변하지 않는 절대적인 것이 아니라 각 사람의 운동 상태에 따라 모든 것이 달라지는 상대적인 것이라는 것이다. 그 예로 다음과 같은 내용을 생각할 수 있다.

1. 빛의 속도에 가깝게 운동하면 시간이 거의 멈추어 늙지 않는다

빛의 속도로 날아가는 우주선을 타고 우주 여행을 하면 영원히 안 늙을 수도 있다. 빨리 움직이는 우주선에서는 훨씬 느린 속도로 시간이 진행한다. 그 결과 지구에 있는 사람들이 훨씬 빨리 늙는 것처럼 보인다. 광속의 99.9999…% 속도로 안드로메다 은하를 여행하고 돌아올 때 우주 비행사는 58년이 걸리는데, 지구의 가족들은 460만 년의 시간을 보내게 된다는 것이 아인슈타인의 이론으로 계산되는 값이다.

2. 빛의 속도에 가까워지면 모든 것이 수축이 일어나 가늘게 보인다

어떤 물체가 빛의 속도 가까이 달리면 그 물체는 가늘게 보인다. 속도를 더 높여 빛의 속도로 달리게 되면 그 물체는 아예 사라져버린다. 그 물체에서 우리를 볼 때에도 같은 현상이 일어난다. 따라서 아인슈타인은 빛의 속도 이상으로 달릴 수 있는 물체는 없다고 하였다.

3. 빛의 속도에 가까워지면 질량이 무한대에 가까워진다

빛의 속도로 날아가는 로켓의 질량이 무한대에 가까워지므로, 이 로켓을 계속 움직이게 할 수 있는 에너지를 공급하기는 불가능해진다. 결론적으로 로켓은 빛의 속력으로 운행할 수 없다는 뜻이 된다.

쌍둥이 형제의 슬픈 운명

빛의 속도가 더 빨라지면 어떻게 될까?

과학자들의 호기심은 끝이 없는 것 같습니다. 그들은 최근에 '타키온'이라고 하는 빛보다 빠른 입자를 발견했다고 주장하고 있습니다. 이처럼 빛보다 빠른 것이 존재한다면 어떻게 될까요?

앞글에서 빛의 속도가 느려졌을 때 일어나는 일들에 대해 생각해보았습니다. 그러니 당연히 빛의 속도가 빨라졌을 때에는 어떤 일이 일어날 것인지 궁금증이 생기지요. 지금부터 빛의 속도가 지금보다 더 빨라진다면, 그리고 빛보다 더 빠른 것이 있다면 어떤 일이 일어날지 생각해볼까요? 먼저 두 편의 영화를 소개합니다.

타키온

'빠르다'는 뜻을 지닌 그리스어 '타키스'에서 나온 용어로, 빛보다 빠른 입자를 말한다.

타키온은 자연에 존재하지 않으며 수학적으로나 상상해볼 수 있는 입자지만, 이를 자연에서 발견해보려는 시도는 여러 차례 있었다.

첫 번째 영화는 〈로스트 인 스페이스〉입니다. 영화의 시대는 2058년 미래입니다. 지구는 자원의 고갈과 지구를 파괴하려는 테러 집단의 위협 때문에 우주 다른 곳에 식민지를 개척하기 위한 계획을 세웁니다. 연방 항공우주국은 로빈슨 박사와 그 가족에게 이 임무를 맡겼고, 이들 가족은 지구인이 살기에 알맞은 별을 찾기 위해 머나먼 우주 여행을 떠납니다. 제작진들이 NASA의 자문을 받아 영화를 과학적으로 만들려고 노력한 흔적이 여러 곳에서 보이는데, 특히 우주선이 광속 여행을 할 때 탑승자들이 얼어붙은 듯 멈추는 장면이 나옵니다. 아인슈타인의 특수 상대성이론에서 "물체가 움직이는 속도가 빠를수록 물체의 시간

⚙ 〈로스트 인 스페이스〉의 우주

⚙ 〈콘택트〉의 두 주인공 엘리와 파머

은 점점 느려지고, 빛의 속도에 이르면 시간은 정지된다."라고 했기 때문이지요. 만약에 영화 속의 우주선이 빛의 속도보다 더 빠르게 움직인다면, 로빈슨 가족은 어떻게 되었을까요?

　두 번째 영화는 《코스모스》라는 책으로 유명한 천문학자 칼 세이건이 쓴 소설 《콘택트(Contact)》를 영화로 만든 것입니다. NASA의 SETI(지구 외 문명 탐사) 계획과 그 일을 추진하는 전 세계 천문대의 모습을 생생히 보여주는 것이 인상적입니다.

　특히, 젊은 여성 과학자 엘리의 진지한 탐구 정신은 과학에 뜻을 둔 청소년들에게 좋은 본보기라고 생각합니다. 이 영화는 우주의 지적 생명체 존재 가능성을 밝혀주며 우주 여행의 가능성을 제시하고 있습니다. 주인공들의 대화 중에 그 유명한 "쌍둥이 패러독스"가 등장합니다. 주인공 엘리를 사랑하는 파머는 엘리가 우주 여행하는 것을 반대하는데, 그 반대 이유가 쌍둥이 패러독스입니다. "당신이 여행을 하고 돌아올 때쯤 당신에게는 몇 년의 세월이 지나겠지만 당

⚙ 쌍둥이 패러독스

신을 아는 사람들은 아무도 살아있지 않을 거야." 엘리에게 말한 파머의 이 말속에 쌍둥이 패러독스가 들어있습니다. 이 이야기는 아인슈타인의 이론에 의한 것입니다. 빛의 속도에 가까운 속도로 비행하는 우주선 안에서 시간은 천천히 흐르는데, 쌍둥이 형이 광속에 가까운 속도로 우주여행을 하고 돌아오면 지구에 남아 있는 동생보다 나이를 더 적게 먹는다는 얘기이지요. 예를 들면, 광속의 60%로 여행한 형은 지구에서 10년이 흐를 때 8살만 먹게 된다고 합니다. 광속에 더욱 가까이 비행할수록 동생과 형의 나이 차이는 더 벌어지겠지요. 그러면 쌍둥이 형이 빛의 속도보다 더 빠른 우주선으로 우주 여행을 한다면 쌍둥이 가설은 어떻게 전개될까요?

빛의 속도보다 더 빠르게 움직이면 형이 탄 우주선의 시간은 거꾸로 간다고 가정할 수 있습니다. 빠르게 움직이면 움직일수록 더 먼 과거로 갈 수 있겠지요. 〈슈퍼맨〉 영화를 보면 슈퍼맨이 지진을 막기 위해 빛보다 빨리 움직여 지구의 과거로 가 지진을 일으키는 단층을 움직이지 못하게 하는 장면이 나옵니다. 물론 이것은 **특수 상대성 이론**에 맞지 않는 이야기입니다. 왜냐하면 빛보다 빠른 것은 존재하지 않는다고 했으니까요. 그렇지만 우리의 이야기는 순전히 가정을 전제로 하는 것이니까 이것저것 따지지 않을 것입니다. 이런 일의 결과는 무엇일까요? **원인과 결과**에 대혼란이 오는 것입니다. 현재의 자신의 상황이 마음에 들지 않으면 과거로 가서 얼마든지 조건을 조정할 수 있을 테니까요.

그 외에 어떤 일이 일어날까요? 예를 들어 가장 가까운 별인 리겔은 지구로부터 4.3광년 떨어져있습니다. 따라서 우리가 지금 보는 리겔은 4.3년 전의 별이지요. 같은 원리를

특수 상대성 이론
특수 상대성 이론의 핵심은 두 가지이다. 모든 자연 법칙은 상대적이라는 것과 모든 물체의 속도는 무한히 증가하는 것이 아니라 한계 속도가 있으며 한계속도는 빛의 속도라는 것이다. 이 두 가지 원리는 이전까지 절대적인 것으로 알았던 시간의 절대성이 부정되었고, 시간은 공간의 움직임에 따라 다르게 진행되는 시공간이라는 개념이 탄생했다.

적용하기 위해 빛보다 10배나 더 빠른 우주선과 성능이 아주 좋은 망원경이 있다고 가정해봅시다. 이 우주선은 지구에서 10광년 떨어진 지점까지 1년 만에 갈 수 있습니다. 거기서 망원경으로 관찰해보면 9년 전의 지구를 볼 수 있겠지요. 즉, 지구의 과거를 볼 수 있습니다. 만약 더 빨리 가면 더 먼 과거를 볼 수 있을까요?

그리고 먼 미래에 화성에서 월드컵이 열려 지구로 중계를 한다고 생각해봅시다. 전파가 빛의 속도보다 더 빠르게 이동한다고 하면 골인을 하는 장면이 발생하기 전에 이미 골인을 넣은 장면이 중계되는 모순이 생길 것입니다.

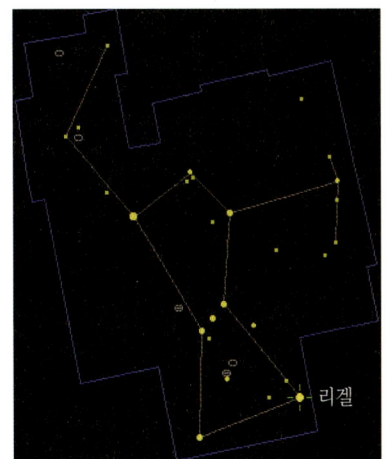

🔆 오리온자리에 있는 리겔

또 태양이나 별에서 수소를 이용한 핵융합 과정이 지금보다 훨씬 빨라집니다.

태양은 지금보다 더 빨라진 핵융합 과정으로 인해 엄청

Click!
우주의 최후
http://staruju.com.ne.kr/page6.htm

난 에너지를 생산할 것이고, 지구는 그 에너지를 감당할 수 없게 됩니다. 낮은 지금보다 훨씬 밝아지고, 밤에도 달이나 행성은 지금보다 더 많은 빛을 반사하게 되므로 더 밝아지겠지요.

한편 별들은 에너지의 소비량이 많아 수명이 단축됩니다. 그 결과 우주의 나이도 줄어들고, 우리 **우주의 최후**도 지금보다 훨씬 빨라집니다. 또한 태양의 질량은 에너지로 소비되므로, 태양의 질량과 중력은 작아집니다. 그러면 그 주위를 공전하는 지구나 행성들의 궤도가 달라지고, 각각의 자전과 공전에 큰 변화가 생길 것은 당연한 일입니다.

태양 에너지를 근원으로 하는 우리 지구의 생명체들의 생명 활동이 빨라집니다. 따라서 인간을 비롯하여 모든 생명체가 빨리 자라고, 빨리 죽을 것입니다.

우주는 많은 모순 속에서 혼란스러울 것입니다. 그런데도 과학자들이 빛보다 빠른 것을 찾는 호기심을 버리지 못하는 까닭은 무엇일까요? 이는 일부 과학자들이 아인슈타인의 공식에 허수를 집어넣으면 빛보다 더 빠르게 움직일 수 있다는 순전히 수학적인 결과에 미련을 갖기 때문입니다. 그들은 에너지가 적을수록 더 빠르게 움직이고 에너지가 전혀 없게 되면 무한대의 속도를 가지는 미지의 입자를 꿈꿉니다. 그리고 이런 미지의 입자를 그리스어로 '빠르다'는 의미인 '타키온'이라 부릅니다. 타키온이 실제로 발견되고 이를 이용한 새로운 과학의 세계가 열린다면 이 세상은 지금과는 또 다른 세계로 나아가게 될 것입니다.

그러나 현재까지는 아인슈타인의 말을 믿을 수밖에 없습

니다. '빛의 속도보다 빨라지면 질량이 무한대로 증가하고, 움직이는 데 필요한 에너지가 무한대로 필요할 테니까 빛보다 빠른 것은 존재할 수 없다.'는 그의 결론에 근거를 둔 과학의 세계에서 살아갈 수밖에 없습니다.

내용 정리 |

빛보다 빠른 입자, 타키온(tachyon)

자연계에는 두 가지 종류의 입자가 존재하는데, 이들은 '타르디온'과 '룩손'이다. 그리고 아직은 존재가 증명되지 않은 또 다른 입자인 '타키온'이 있다.

• **타르디온(tardion)** 양성자, 중성자, 전자, 양전자, 쿼크와 같이 작지만 정지 질량을 가지고 있는 것들이다. 아무리 가속해도 빛의 속도에 도달할 수 없다.

• **룩손(luxon)** 광자와 같이 정지 질량이 영(0)인 입자들이다. 이들은 빛의 속도로만 움직이고, 그보다 작거나 큰 속도로는 움직이지 못한다. '룩손'은 '빛'이란 뜻이다.

• **타키온(tachyon)** 질량은 허수이고, 에너지를 얻을수록 속도가 느려지는 가상의 입자이다. 에너지가 가장 클 때 빛의 속도가 되고, 에너지를 모두 잃으면 그 속도는 무한대가 된다. 만약 타키온이 존재한다면 과거로의 시간 여행도 가능해지고 블랙홀에서도 벗어날 수 있다고 한다.

자연계에서 타키온을 발견하려는 노력은 모두 실패했지만, 양자 역학에서는 빛보다 빠른 현상이 존재한다는 연구 결과들이 흘러나오기 시작했다. 1955년 미국의 프린스턴 대학교에서 어떤 특별한 환경에서는 장벽을 통과하는 입자들이 실제로 빛보다 빠르다는 결론을 이끌어냈다. 이것을 '터널링 현상'이라고 한다.

기브온의 태양

시간이 멈추면 어떻게 될까?

우리는 시간의 흐름에 따라 하루하루를 살아가고 있습니다. 나이가 들면 몸도 마음도 늙어갑니다. 속절없이 흘러만 가는 시간을 멈추게 하는 방법은 없을까요? 시간을 조금이라도 멈출 수 있다면 좀더 많은 일을 하면서 살 수 있을 텐데 말입니다.

🔶 태양을 멈추게 한 여호수아

'기브온의 태양' 이라는 이야기를 들은 적이 있나요? 이 이야기는 성경책 여호수아서 10장에 나오는 이야기입니다. 여호수아라고 하는 이스라엘의 지도자가 가나안 땅을 정복하기 위해 아모리 사람들과 전쟁을 할 때, 다음과 같이 기도했다고 합니다.

"태양아 너는 기브온에 머무르라. 달아 너도 아얄론 골짜기에 그리할 찌어다."(여호수아서 10장 12절) 이어지는 성경 기록에 의하면, 그날 이스라엘 백성이 그 대적을 이길 때까지 태양이 종일 중천에 머물렀고, 여호와 하나님께서 사람의 목소리를 들으신 이 같은 날은 전에도 없었고 후에도 없었다고 합니다. 여호수아는 태양을 멈추게 함으로써 전쟁에서 큰 승리를 거두었습니다. 여호수아는 태양을 멈추게 하는 것으로 시간을 멈추었고, 시간이 멈춰있는 동안에 적을 무찌르는 데 성공한 것이지요. 태양이 멈추면 시간도 따라서 멈춘다는 생각은 과학적인 근거가 있는 생각일까요? 주위의 시간은 멈춰있는데, 이스라엘 군인들은 전쟁 행위를 어떻게 할 수 있었을까요? 아무튼 성경에 기록된 내용대로 인간의 역사에서 시간을 멈추게 한 처음이자 마지막 사건이라 할 수 있습니다.

그 외 시간이 정지된 효과를 경험할 수 있는 예는 영화입니다. 대표적으로 〈매트릭스〉라는 공상과학 영화를 보면 다른 사람들의 동작이 멈추어 있는 상황에서 주인공만 움직이는 장면이 나옵니다. 다른 사람들의 시간을 정지시킨 후, 주인공은 그 정지된 시간을 이용하여 상대방을 제압합니다. 이런 현상을 과학적으로 설명할 수 있을까요?

시간을 멈출 수 있느냐 없느냐를 알아보기 위해 먼저 '시간'이란 무엇인가에 대해 곰곰이 생각해봐야 합니다. 시간이란 무엇일까요? 시간은 언제, 어떻게 시작되었을까요? 그리고 그 끝은 있을까요?

과학자들의 연구에 따르면, 우주는 **빅뱅(Big Bang)**이라고 하는 대폭발로 탄생했습니다. 따라서 빅뱅 이전에는 아무것도 없었겠지요. 완전히 무(無)의 상태였습니다. 그런데 어떤 순간에 이유는 잘 알 수 없지만 빅뱅이라는 대폭발이 있었는데, 그 후 공간과 물질, 에너지와 시간이 존재하는 우주가 존재하게 되었습니다. 그러므로 빅뱅은 시간이 시작된 순간이고, 시간의 어머니라고 할 수 있습니다.

과학자들은 빅뱅에 의해 탄생한 우주가 얼마나 빠른 속

매트릭스
매트릭스(matrix)는 자궁을 뜻하는 용어로, 영화 속의 배경이 되는 가상공간을 가리킨다

🔆 영화 〈매트릭스〉의 한 장면

Click!
빅뱅
http://home.postech.ac.kr/~stspeak/star/bigbang.htm

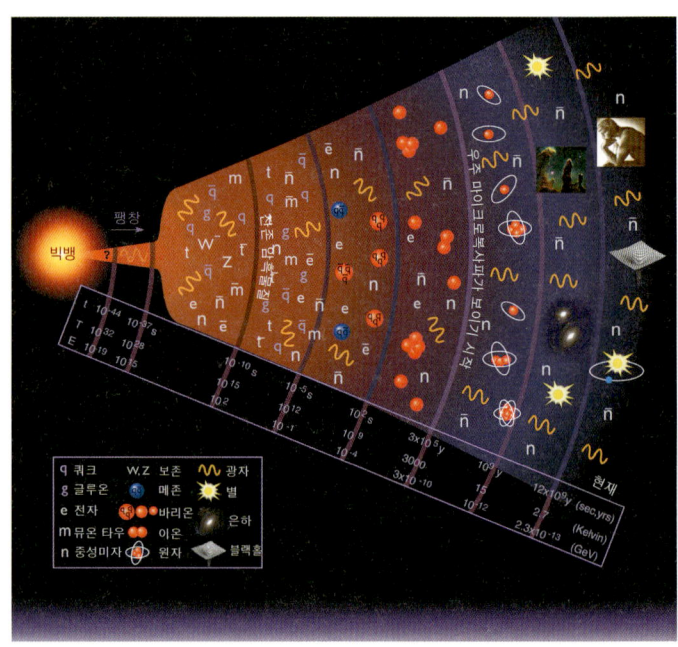

○ 모든 것의 시작인 빅뱅(Big Bang)

도로 팽창하고 있는지를 측정하여 우주의 나이를 계산하였
는데, 약 150억 년이라고 추정했습니다. 즉, 시간의 나이는
150억 년이라는 것이지요. 150억 년 전에는 시간이라는 것
이 존재하지 않았다는 것입니다.

또 시간의 끝은 언제일까요? 시간의 시작이 우주의 탄생
과 함께 했다면, 시간의 끝은 우주의 종말이라고 할 수 있습
니다. 현재 팽창하고 있는 우주는 언젠가는 자체 중력에 의
해 시공간을 구부려 닫힌 모양이 된다고 합니다. 이때부터
우주는 수축을 하게 되고 빅뱅의 반대 개념인 빅크런치(Big
Crunch) 속으로 모든 것이 삼켜지는 일이 생기는데, 이것
이 우주의 마지막입니다. 이때 시간은 공간과 함께 사라집
니다.

그러므로 시간은 우주가 시작할 때 빅뱅에 의해서 만들

어졌고, 우주가 끝날 때 빅크런치와 함께 사라진다고 할 수 있습니다.

이제는 생활 속의 시간에 대해 말해볼까요. 우리가 흔히 말하는 시간이라는 개념은 인간의 필요에 의해 만들어진 것입니다. 모든 사람들에게 똑같이 적용되고, 공평하게 인식될 수 있도록 하기 위하여 지구의 자전과 공전, 달의 공전 주기를 기준으로 만들었습니다. 지구가 스스로 한 바퀴 도는 데 걸리는 시간을 하루, 달이 지구를 중심으로 한 바퀴 도는 데 걸리는 시간을 한 달, 지구가 태양 주위를 도는 데 걸리는 시간을 일 년이라고 정했습니다. 물론 조금씩 오차가 있어 **윤초, 윤달, 윤년** 등을 활용하여 조정하고 있어 수천 년이 지난 지금까지 큰 어려움이 없이 잘 사용하고 있습니다.

그리고 최근에 와서는 좀더 정확한 시간이 필요하게 되어 원자 시계를 사용합니다. 표준시간 1초는 세슘(Cesium)

⬆ 모든 것의 마지막인 빅크런치(Big Crunch)

여기서 잠깐!
윤년, 윤달, 윤초란 무엇일까?

• 윤년
원래 2월은 28일까지 있는 달인데 4년에 한 번씩 29일을 두며, 이 해를 윤년이라 한다. 만일 윤년이 없이 언제나 평년이라면 1년의 길이가 365일이 되어 실제보다 0.2422일 짧아지므로 점차 달력의 날짜와 계절이 달라진다. 그러므로 율리우스력에서는 4년마다 2월을 29일로 함으로써 4년간의 연평균 일수를 365.25일로 정하였다.

• 윤달
1삭망월은 29.53059일이고, 1태양년은 365.2422일이므로 음력 12달은 1태양년보다 약 11일이 짧다. 그러므로 3년에 한 달, 또는 8년에 석 달의 윤달을 넣지 않으면 안 된다. 만일 음력에서 윤달을 전혀 넣지 않으면 17년 후에는 5, 6월에 눈이 내리고 동지섣달에 더위를 겪게 된다. 예로부터 윤달은 '썩은 달'이라고 하여 "하늘과 땅의 신(神)이 사람들에 대한 감시를 쉬는 기간으로 그때는 불경스러운 행동도 신의 벌을 피할 수 있다."고 널리 알려졌다. 이 때문에 윤달에는 이장을 하거나 수의를 하는 풍습이 전해 내려왔다.

• 윤초
지구의 자전과 공전을 기준으로 시각을 측정한다. 그러나 지구의 자전이 서서히 느려지기 때문에 원자 시계로부터 측정한 원자시와 차이가 생긴다. 이를 보완하기 위하여 윤초를 시행하는 것이다.

○ 세슘 원자 시계

원자에서 방출되는 빛이 91억 9263만 1770번 진동하는 시간을 말하는데, 세슘 원자 시계의 정밀도는 300만 년에 1초가 틀릴까 말까 할 정도로 우수합니다. 또 전 세계의 시간은 프랑스 파리 국제 시간국이 결정하고 있습니다. 이곳에서는 24개국에 설치된 80개의 세슘 원자 시계의 평균값을 구해 전 세계에 가장 정확한 신호를 알려 주고 있습니다.

지금까지 시간의 정체에 대해 탐구를 했으니, 이제부터는 시간이 멈추게 되면 어떤 일이 일어나는지 알아볼까요?

시간이 멈춘다는 것은 이 세상의 모든 것이 똑같아진다는 것을 의미합니다. 마치 세상의 모든 일들이 한 장의 사진에 찍힌 그 상태로 존재한다는 것입니다. 사진 속에서 빛의 이동, 에너지의 흐름, 시간의 흐름, 공간의 이동 등이 중지된 것처럼 이 세상 어느 곳에서도 변화란 전혀 없으며 어떤 사건도 일어나지 않게 됩니다. 모든 것이 항상 똑같은 상태로 존재하기 때문에 시간은 아무런 의미도 가질 수 없게 될 것이고, 과거, 현재, 미래의 구분도 없어질 것입니다. 따라서 시간이 멈춘다는 것은 모든 것이 함께 멈추게 될 때에만 일어날 수 있는 일이므로 어디에서도 예외가 있을 수 없습니다. 그러므로 앞에서 말한 기브온의 태양이 멈추는 일과 영화 속에 상대방만 정지하는 일은 과학적으로 설명하기 어려운 일입니다.

그럼, 시간이 멈추는 일은 언제, 어디에서 일어날 수 있을까요? 빅뱅 이전, 빅크런치 이후에나 가능하겠지요. 그리고 우주가 팽창을 멈추거나, 수축을 멈추는 순간, 모든 천체가 운행을 중단하는 순간에 시간이 멈추겠지요. 최근에는 블랙홀 가까이 가거나 빛의 속도로 달리게 되는 경우 시간이 멈추는 것을 경험할 수 있다고 합니다. 그 빛 속에서 본다면 수천만 개의 미래를 볼 수 있게 되겠지요.

멈추어진 시간 속에서 우리는 무엇을 할 수 있을까요? 속이 시커먼 사람들은 할 수 있는 일이 꽤 많을 겁니다. 시험을 칠 때 시간을 멈추게 한 후 다른 사람의 답을 훔쳐 볼 수 있겠지요. 또 시간이 멈추어 있는 동안 은행에 가서 마음대로 돈을 빼내 올 수도 있겠지요. 상대방 회사에 가서 비밀 문서를 빼 오기도 쉬울 것입니다. 그렇지만 우리는 제대로 살기 힘들 거예요. 시간이 멈춘다

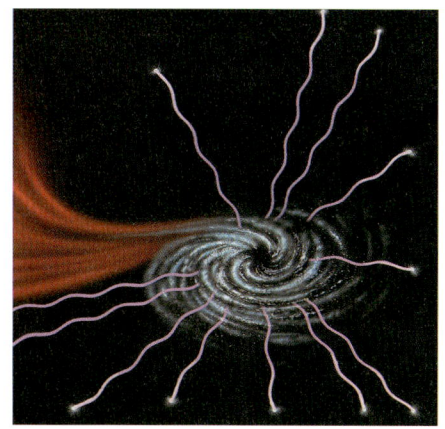

● 빛도 빨아들이는 블랙홀

면 사랑하는 사람과 이야기를 나눌 수도 없고, 낙엽 지는 거리를 걷는 아름다운 추억도 만들 수 없을 테니까요. 또 음악이나 영화를 볼 수도 없겠지요. 모든 것이 정지한 채 그대로일 테니까요. 하지만 이런 것도 살아 있을 때나 가능한 고민거리입니다. 시간이 정지한다는 것은 우리의 생명 활동도 정지한다는 것을 의미합니다. 우리는 숨도 쉬지 않고, 생각도 할 수 없으며, 그저 인형처럼 가만히 있을 테니까요. 괜히 좋다 말았나요? 상상은 상상의 세계 속에서나 즐겁고 불행한 일로 끝날 뿐입니다. 자신의 필요에 따라 시간을 멈추게 한다는 것은 우주를 정지시키는 일이고, 우주를 정지시키는 일은 모두의 꿈을 정지시키는 일이므로 절대로 있어서는 안 되는 일임을 명심합시다.

우주의 시작과 끝

1. 우주의 시작 – 빅뱅(big bang)

현대 과학이 말하는 우주론에 따르면 태초에는 아무것도 없었다. 우주도 별도 원자도 없었다. 그리고 시간과 공간마저도 태어나지 않았다. 처음 시간과 공간이 태어나는 시점을 우리는 대폭발, 혹은 빅뱅이라고 부른다. 물론 그 전에는 무(無)의 세계, 알 수 없는 세계였다. 초기 우주의 모습을 처음으로 정확하게 계산해낸 과학자는 러시아 출신의 미국 물리학자 가모프였다. 그리고 1965년, 미국의 천문학자 펜지어스와 윌슨은 공동으로 우주 배경 복사를 관측함으로써 빅뱅의 과학적 근거를 마련하였다.

2. 우주의 끝 – 빅크런치(big crunch)

우주 탄생 이론인 빅뱅에 반대되는 개념으로, 우주의 종말을 나타내는 용어이다. 오랜 시간이 지나면 빅뱅으로 인한 우주의 팽창이 멈추고 다시 수축하게 되며, 시간이 지나 마지막에 이르면 빅뱅 전의 원래 상태로 돌아오게 된다고 한다. 빅크런치가 시작되면 우주에 있는 모든 물질적인 것들이 사라지게 된다고 한다. 빛도 물질도 시간도 공간도 모두 사라지는 무의 세계가 되는 것이다.

타임머신과 인과율

시간 여행을 할 수 있다면 어떻게 될까?

공부에 지친 우리 학생들은 빨리 어른이 되었으면 좋겠다고 합니다. 그리고 사는 데 힘든 부모님들은 한 10년 만 젊었으면 더 이상 소원이 없겠다고 하지요. 이렇게 미래나 과거로 마음대로 갈 수 있다면 얼마나 좋을까요?

영국의 유명한 공상과학 소설가인 H.G. 웰스가 지은 소설에서 '**타임머신**'이라는 단어가 처음 나왔습니다. 웰스는 타임머신을 타면 과거나 미래를 마음대로 왔다 갔다할 수 있다고 했습니다. 스필버그 감독이 만든 〈백 투 더 퓨처〉라는 영화를 보면 과거와 미래로 가는 자동차가 등장하기도 합니다. 과거나 미래로 이동할 수 있는 방법이나 운송 수단은 없을까요? 그런 것이 있다면 얼마나 좋을까요? 요즘같이 살기 힘든 때에 일주일 후 미래로 가서 로또 복권 1등 번호를 알아낸 후, 다시 돌아와 1등 당첨금을 받는다면 신날 텐데 말이지요.

시간 여행에 대한 이야기는 과학자들 사이에서도 계속 논의되고 있는 주제입니다. 예를 들면 블랙홀로 들어가서 화이트 홀로 나오면 과거나 미래로 갈 수 있다고 합니다. 하지만 아직까지는 확실한 결론이 나온 것은 없습니다. 영국

타임머신

영국의 소설가 H.G.웰스의 공상과학 소설로 1895년에 발표되었다. 웰스는 빛의 속도보다 빠르게 회전하는 물체를 만들어 4차원 공간의 시간축 방향으로 밀어 넣어 미래로 이동시켰다. 주인공은 먼저 80만 년 미래의 퇴화한 인류의 모습을 보고, 그 다음 3,000만 년 미래로 가서 인류가 멸망하고 갑각류와 같은 생물들이 살고 있는 세계를 보고 돌아온다는 내용으로 SF 소설의 원조가 된 소설이다.

의 물리학자인 스티븐 호킹 같은 과학자는 미래로의 여행은
웜홀이라는 우주의 특별한 공간을 통해 가능하지만 과거로
의 여행은 불가능하다고 하였습니다. 그 증거로 미래에서
온 여행자가 없다는 것을 들었습니다.

　시간 여행이 가지는 의미는 무엇일까요? 시간 여행을 말하
려면 우선, 사람이 무엇을 '본다'라는 행위의 의미를 생각해
보아야 합니다. 사람이 어떤 것을 본다는 것은 물체에 반사된
빛이나, 물체에서 나오는 빛을 느끼는 것을 의미합니다.

　우리 태양계에서 약 7천만 **광년** 떨어진 곳에 우리와 같이
문명이 발달한 생명체가 살고 있는 행성이 있고, 또 그곳에
는 아주 성능이 좋은 망원경이 있다고 합시다. 그곳의 생명
체들이 망원경을 통해 우리 지구를 볼 수 있다고 한다면, 그
들이 보는 우리 지구의 모습은 어떤 것일까요? 오
늘날과 같이 문명이 발달하여 비행기가 날아다니
고, 초고속 철도가 다니는 모습일까요? 아닙니다.
그들이 볼 수 있는 지구의 모습은 7천만 년 전의
지구 모습, 즉 거대한 **공룡**들이 우글거리는 지구일
것입니다. 왜냐하면 지구에서 출발한 빛이 그 행
성에 도달하는 데 걸리는 시간이 있기 때문입니
다. 그 시간이 7천만 년입니다.

　같은 원리를 적용하면 지금 우리가 보는 별들은
모두 현재의 별들이 아닙니다. 가장 가까이 있는
별인 태양도 약 8분 20초 전의 모습입니다. 태양에서 출발
한 빛이 지구에 오는 데 걸리는 시간이 약 8분 20초이기 때
문입니다. 지금 이 순간 태양이 갑자기 사라진다면, 우리는 8
분 20초 후부터 하늘이 까맣게 되는 것을 경험하게 된답니다.

　자, 그러면 이런 경우는 어떻게 될까요? 지금 야구장에서

광년
빛의 속도로 1년 동안 가는 거리를
말한다.

아직 지구는
진화가 덜됐군.

Click!

공룡
http://www.dinopark.net/

신나는 프로야구 게임을 보고 있습니다. 지금 막 내가 좋아하는 선수가 안타를 쳤습니다. 내가 그 장면을 보는 것은 태양 빛이 그 선수에게 부딪힌 후 반사되어 내 눈에 들어왔기 때문입니다. 이때 내가 빛의 속력으로 움직일 수 있는 기계 안에 있고, 빛의 입자들과 같은 속력으로 이동할 수 있다면 나는 영원히 그 장면을 볼 수 있을 것입니다. 이 순간 시간은 멈춰있다고 말할 수 있겠지요. 그리고 빛의 속도보다 더 빨리 이동할 수 있다면 그 장면이 일어나기 이전에 출발한 빛의 다발들을 볼 수 있을 것이고 그 선수가 방금 전에 했던 동작들을 거꾸로 볼 수 있게 되겠지요. 빛의 속력보다 점점 더 빨라질수록 나는 점점 더 이전의 모습, 즉 그 선수의 과거의 모습을 볼 수 있을 것입니다. 그렇다면 어릴 때의 모습까지도 볼 수 있을까요? 글쎄요. 그것은 아닐 것 같네요. 왜냐하면 장소가 다르기 때문입니다. 어릴 때 그 선수는 프로야구장에 없었을 테니까요. 그런데 이런 일이 실제로 가능할까요? 타임머신이 있다고 하더라도 빛의 속도보다 더 빨리 이동하기 위해서는 대단히 넓은 공간이 필요할 텐데, 이

미 우리는 우주 멀리 나가 있겠지요. 그리고 극히 한정된 장소의 과거만 볼 수 있을 뿐이고. 매우 비효율적인 시도가 될 것입니다. 한정된 장소의 과거를 보기 위해서 엄청나게 멀리 이동해야 될 테니까 말입니다.

아인슈타인은 상대성 이론에서 빛의 속도에 가까워지면, 시간은 늦게 간다고 말했습니다. 실제로 빛보다는 조금 느리지만 매우 빠른 속도로 움직이는 입자들의 존재로부터 그 이론은 증명되었습니다. 예를 들어 지구 밖에서 들어오는 초미립자인 **뮤온**이나 **파이온**과 같은 입자들이 존재하는 시간은 보통 1억분의 1초밖에 되지 않는데도 불구하고 지구 대기권을 통과한 후 검출되고 있습니다. 이것은 이들 입자가 매우 빠른 속도로 지구로 들어오기 때문에 그만큼 시간이 연장되는 효과로 검출이 되고 있어요.

또한 아인슈타인은 빛보다 빨리 움직일 수 있는 것은 존재할 수 없다고 했습니다. 빛의 속도로 가게 되면 질량이 무한대로 증가하기 때문에, 질량이 0이 아닌 이상 빛의 속도로 이동할 수 없다고 했답니다. 또 빛보다 더 빨리 움직이면 질량은 (-) 값이 된다고 했습니다. 질량이 (-) 물질이라는 말은 그 물질 자체가 존재하지 않는다는 과학적인 표현이랍니다. 따라서 내가 존재하는 한 시간 여행을 할 수 없다는 뜻이지요.

시간 여행이 가능하게 된다면 무엇보다 사건의 원인과 결과에 큰 모순이 생깁니다. 아인슈타인은 이를 '인과율의 법칙'이라고 했습니다. 원인보다 결과가 앞설 수 없다는 자연의 법칙입니다. 내가 타임머신을 타고 과거로 간 후 우연한 기회에 결혼 전의 부모님을 만났습니다. 부모님을 만나게 된 것이 너무 반가웠고, 그 부모님 중 어머니가 될 분을

뮤온
중성자가 쪼개지면서 발생하는 소립자로 전하를 띠지만 질량은 거의 없는 입자이다. 뮤온은 광속에 가까운 속도로 진행하는데, 반감기는 100만분의 1초로 극히 짧다. 아인슈타인의 상대성 원리를 증명하는 입자이다.

파이온
원자핵 안에서 양성자와 중성자를 결합시키는 역할을 하는 소립자이다.

모시고 내가 사는 시간으로 왔다고 해봅시다. 이렇게 될 경우 부모님은 결혼을 못할 것이고, 나는 이 세상에 존재하지 않게 되겠지요. 그리고 데려온 어머니와 지금 계신 어머니와의 관계는 매우 모순된 관계가 될 것입니다. 이런 일이 여러 곳에서 이루어진다면 자연의 질서는 혼돈과 무질서로 가득하겠지요. 따라서 시간 여행은 불가능하다는 것입니다.

그렇지만 시간 속을 자유롭게 여행하는 것은 영원히 버릴 수 없는 인간의 소망이랍니다. 이 소망이 이루어지려면 새로운 물리법칙이 나와야 합니다. 뉴턴의 물리법칙이 아인슈타인에 의해 바뀌고 더 발전되었듯이, 아인슈타인에 의해 정립된 상대성 이론이 나온 지 100년이 다 되었으니 이제는 아인슈타인을 능가하는 물리학자가 나올 때도 되지 않았나 생각합니다. 과연 새로운 물리학자는 시간 여행을 가능하게 할 수 있을까요?

내용 정리

시간 여행이 불가능한 이유

1. **시간의 본성** 시간은 과거에서 현재로, 현재에서 미래로 향하는 방향만 가진다. 따라서 어떤 기계를 만들더라도 이러한 시간의 본성(어려운 말로 비가역성이라 한다.)을 바꿀 수 없으므로 시간 여행은 불가능하다.

2. **빛보다 빠른 것은 존재하지 않는다.** 시간 여행을 하기 위해서는 빛보다 빠른 속도를 가져야 하는데, 아직은 과학적으로 빛보다 빠른 것이 존재하지 않는다. 아인슈타인의 질량 공식에서는 물체의 속도가 빛보다 빠르게 되면 운동 중인 물체의 질량은 음(−)이 되거나 무한대가 된다.

그러나 시간 여행에 대한 가능성을 포기하지 않은 이론 물리학자들의 연구는 계속 진행되고 있다. 그러므로 불가능하다기보다는 아직 우리의 과학으로 그 해답을 모르고 있다라고 하는 것이 옳은 표현인지 모른다.

바보 교수의 연구

하루의 길이가 달라지면 어떻게 될까?

1년은 365일, 하루는 24시간. 이 사실을 모르거나 의심하는 사람은 없을 테지요. 그런데 이것에 의문을 품고 평생을 연구한 바보 교수가 있었다나요?

옆집에 사는 네 살짜리 꼬마에게 물었습니다. 하루는 몇 시간일까? 꼬마는 씩씩하게 24시간이라고 대답했습니다. 그리고 또 물었어요. 1년은 며칠? 꼬마는 여전히 씩씩하게 365일이라고 대답했습니다. 그런데 똑같은 질문을 그 옆의 옆집에 사는 초등학생 4학년에게 물어봤습니다. 그랬더니 그 아이 엄마가 나를 막 째려봤습니다. 자기 아이를

무시한다는 것이지요. 정말 그래요. 하루는 24시간이고, 1년은 365일입니다. 맞아요. 맞고 말고요.

그런데 말이지요. 이 단순한 진리에 의심을 품은 사람이 있었습니다. 세계적으로 이름이 있는 미국의 코넬 대학에서 고생물학을 연구하는 존 웰스라는 교수였습니다. 명문 대학의 훌륭한 교수님이 네 살짜리도 다 아는 진리를 믿지 않았다니까요. 교수님이 바보일까요?

존 웰스 교수는 **산호 화석의 성장선**을 연구했습니다. 고생대에 살았던 산호 화석을 연구했는데, 산호 화석은 매일 한 겹씩 아주 얇은 석회층을 형성하며 성장하는 특징이 있었습니다. 교수의 연구에 따르면, 고생대 데본기(4억 800만 년 전~3억 6,000만 년 전까지의 지질 시대)의 산호 화석은 1년에 약 400개의 성장선을 가지고 있었고, 석탄기(3억 6,000만 년 전~2억 8,600만 년 전의 지질 시대)의 산호 화석은 1년에 약 380~390개의 성장선을 가지고 있었습니다. 이것은 무엇을 의미할까요? 아주 오래 전에는 1년이 365일이 아니라 더 길었다는 것이지요.

우리가 흔히 말하는 '하루'와 '1년'이라는 시간은 어떻게 정해졌을까요? '하루'는 지구가 한 바퀴 회전(이를 자전이라고 합니다.)하는 데 걸리는 시간이고, 1년은 지구가 태양을 중심으로 한 바퀴 도는(이를 공전이라고 하지요.) 데 걸리는 시간입니다. 그런데 지구가 태양을 중심으로 공전하는 데 걸리는 시간은 일정합니다. 그렇다면 1년의 날짜 수가 많다는 것은 그만큼 하루가 짧았다는 것을 뜻합니다.

과학자들의 연구에 의하면 지구가 처음 형성될 당시의 하루는 6시간이었고, 약 45억 년이 지난 현재는 하루가 24시간이고, 앞으로 더 먼 미래에는 하루가 지금보다 더 길어

산호 화석의 성장선
산호 껍질에 남겨진 가는 줄무늬로 산호가 하루에 자란 부분을 구분해 주며, 계절에 따라 산호의 성장속도가 달라지기 때문에 1년 동안에 자란 부분도 알 수 있다.

어휴~하루가 6시간이면 너무 바쁘잖아!

질 거라고 합니다. 대신 1년은 365일보다 더 짧아지는 것이 지요. 산호의 성장선은 미래로 갈수록 그 수가 줄어들 것입니다. 즉, 하루는 언제나 24시간이 아니고, 1년은 언제나 365일이 아니라는 말이지요.

그러면 하루의 길이와 1년의 길이가 달라지는 까닭은 무엇일까요? 그것은 지구 자전 속도의 변화 때문입니다. 약 45억 년 전, 지구가 처음 만들어졌을 당시 지구에는 물이 지금처럼 많지 않았습니다. 하지만 시간이 지나면서 지구에 물이 많아져 바다가 생겼고, 바다는 **조석 현상**을 일으키며 마찰을 일으켜 지구 자전 속도를 느리게 만들었습니다.

지구의 자전 속도는 앞으로도 계속 조금씩 느려질 것입니다. 물론 그 차이를 느낄 정도로 인간이 오래 살지는 의문이지만 만약에 수억 년 이상 인간과 자연 생태계가 지구에 생존한다면 많은 변화가 있을 것입니다.

시계의 숫자판이나 달력의 날짜가 달라지겠지요. 그리고 달라진 지구의 시계에 적응하기 위해서 인간은 물론이고, 자연 생태계는 큰 몸살을 앓겠지요. 다행히 이 변화는 아주 천천히 조금씩 일어나니까 충분히 적응할 수 있을 것입니다. 그때까지 지구가 망하지 않는다는 것만 해도 얼마나 다행스런 일이겠어요?

Click!

조석 현상
http://myhome.naver.com/dudwn
1109/appearance/tide.htm

시 간

시간이란, 시각과 시각 사이의 간격 또는 그 단위를 말한다. 과학에서는 길이 및 질량과 함께 자연현상을 설명하는 기본 단위로 사용된다. 일정한 간격을 가지고 정확히 반복되어 일어나는 것이 물리법칙에 의하여 증명되는 자연현상이 존재한다면, 그 현상이 되풀이되는 주기를 정함으로써 물리적 시간을 정의할 수 있다.

• **1년** 1년은 태양을 중심으로 한 지구의 공전 주기이고, 1일은 지구의 자전 주기를 기준으로 한다. 1분을 60초, 1시간을 60분으로 사용하게 된 것은 옛날 바빌로니아인들이 60이라는 숫자를 마법의 숫자라고 생각한 것에서 기원한다. 60이라는 수는 2, 3, 4, 5, 6, 10, 12, 15, 20, 30이라는 더 작은 여러 수로 딱 떨어지게 나눌 수 있는 놀라운 수였기 때문이다.

• **1일** 1일이 24시간으로 정해진 것은 천문학이 발달한 이집트인들의 종교 의식에서 연유된 것으로 여겨진다. 밤이 되면 12개의 밝은 별이 연속적으로 떠오르는 것을 점성술사들이 발견해서 밤을 12등분 했고 그것과 대칭으로 낮도 12등분 한 것이다.

• **1주일** 1주일이 7일로 정해진 것은 태양계 내의 천체 중에서 맨눈으로 확인이 가능한 것이 태양과 달 그리고 5개의 행성이었기 때문이다. 고대의 천문학자나 점성가들은 이들 7개의 천체를 매우 신성시하였다. 현재 1주일이 7일이 된 것은 고대 이집트인들이 각 날을 태양과 달, 그리고 다섯 개의 행성의 이름을 붙여 사용한 것이 4세기 무렵 로마인들에게 전해져 기독교를 통해 현재에 이르게 된 것이다.

• **1개월** 1개월이 30일이나 31일, 2월이 평년, 윤년에 따라 28일 또는 29일로 정해진 것은 로마 황제들의 탓도 있고 1년 365일을 12로 나누다보니 꼭 맞게 나누어지지 않은 탓도 있다. 따라서 태양력에서의 한 달의 길이는 천문 현상과는 무관하게 정해졌다.

힘과 운동

슈퍼 무 다리 콘테스트

지구의 중력이 달라지면 어떻게 될까?

며칠 전 저녁, 뉴스 전문 케이블 방송에서 20대 남자의 투신 자살 소동이 방영되었습니다. 20대 청년이 고층 아파트 옥상에서 투신 소동을 벌이다가 경찰에 연행된 사건이었는데, 경찰 조사 결과 남자는 9개월 동안 함께 산 여자 친구가 집을 나간 뒤 휴대 전화 번호도 바꿔 버리자 애인을 찾아내라며 소동을 벌인 것으로 밝혀졌다고 합니다.

이 사건을 본 저희 가족들의 반응은 다양했습니다. 천사 같은 작은딸은 "저 아저씨 너무 불쌍하다."라고 했고, 늠름한 큰딸은 "세상을 저렇게 살아선 안 되지…"라고 했고, 교사인 아내는 "부모가 속이 얼마나 탔을까, 쯧쯧…."라고 했습니다. 그런데 나는 그 장면을 보면서 '지구의 중력이 지금보다 작아진다면 저런 일이 일어나지 않을 텐데.'라는 생각을 했습니다. 지구의 중력이 작을수록 높은 곳에서 떨어지는 속도가 줄어들 것이고, 지표에 부딪힐 때의 충격이 감소하기 때문에 죽거나 크게 다칠 염려가 없어지기 때문이지요.

⬆ 아파트 9층 옥상에서 투신 자살 소동을 벌이고 있다. 이 사람은 잠시 후 경찰의 설득으로 내려왔다.

반대로 지구의 **중력**이 지금보다 훨씬 커진다면 어떻게 될까요? 청년이 투신 자살을 시도할 수 있을까요? 몇 가지 이유에서 그렇지 않다고 생각할 수 있습니다. 중력이 지금보

중력
지구상의 물체를 지구 중심으로 끌어당기는 힘이다. 중력이라는 말은 지구에 한하지 않고 일반적인 만유인력의 뜻으로 쓰이기도 한다. 뉴턴은 지구에 있는 물체의 무게를 결정하는 힘과 천체 사이에서 작용하는 힘이 똑같다는 사실을 발견함으로 만유인력의 법칙을 제창할 수 있었다.

다 훨씬 커지게 되면 건물의 높이가 아주 낮아질 것입니다. 사람들의 키가 지금보다 훨씬 작아질 테고, 건물을 높게 지으려면 중력을 이기고 공사를 해야 하므로 엄청난 에너지가 소모되어 건축비가 상승할 테니까요. 또한 낮은 건물이긴 하지만 그곳을 올라가는 데 시간이나 힘이 많이 들게 될 것입니다. 또 고작 2층 높이에서 떨어져 죽겠다고 하면 폼이 나지 않고, 사람들의 관심도 그만큼 줄어들 것이니까 그동안 투신 자살할 생각을 접을 것 같아요. 사람들은 자살하기에 너무 힘이 들고 효과가 없다고 생각할 것입니다. 그러면 지금부터 지구의 중력이 작아지거나 커지면 어떤 일이 일어나는지 자세히 알아볼까요?

Click!
화성
http://www.mars21.ce.ro/

지구의 중력이 지금보다 작아지는 경우

'지구의 중력이 작아지는 경우에는 어떻게 될까?'라는 질문의 답을 찾기 위해서는 지구보다 중력이 작은 곳에서 어떤 일이 일어나는지를 알아보면 됩니다. 지구보다 중력이 작은 곳 중에서 우리가 잘 아는 곳으로 **화성**과 달이 있는데, 화성의 중력은 지구 중력의 1/2 정도이고, 달은 지구에 비해 1/6 정도로 중력이 작습니다. 천체의 중력은 그 행성의 질량에 비례하고 반지름의 제곱에 반비례하기 때문이지요.

중력이 지구 중력의 1/2에 해당하는 화성의 대표적인 지형에는 올림포스 화산이 있습니다. 이 화산은 높이가 약 24,000m, 분화구의 지름이 약 65,000m로, 태양계에서 가장 큰 화산입니다. 지구에서 가장 높은 에베레스트

⊙ **태양계 최대의 화산, 올림포스 화산** 이제는 활동하지 않지만, 화성에는 태양계에서 가장 큰 화산인 올림포스 화산과 같은 커다란 화산의 자취가 많이 남아 있다. 올림포스 화산은 수억 년 동안 분화했던 것으로 보인다. 화산의 둘레에는 구름이 퍼져 있다.

산보다 3배나 높지요. 이렇게 높은 화산이 화성에 있을 수 있는 까닭은 화성의 중력이 작기 때문입니다. 이로 볼 때, 지구의 중력이 지금보다 작아진다면 지구에 있는 화산들의 높이가 지금보다 높아질 것이고, 화산 폭발의 위력도 지금보다 더 커질 것입니다. 화산 분출물은 지금보다 훨씬 넓은 지역으로 퍼져 나가겠지요.

그리고 올림포스 화산에서 번지 점프를 하면 어떻게 될까요? 중력이 지구보다 작기 때문에 지구에서보다 천천히 낙하하겠지요. 떨어지는 쾌감은 적겠지만 떨어지는 시간은 길어져 번지 점프의 묘미를 색다르게 느낄 수 있을 거예요. 앞으로 멀지 않은 시대에 화성으로 번지 점프를 하러 가는 테마 여행이 가능할 것 같은데, 꼭 가서 한번 해보세요.

이번에는 **달**로 가볼까요? 달의 표면을 처음으로 관측한 갈릴레이는 달에 있는 수많은 구덩이(분화구)를 보고 매우 흥분했답니다. 왜냐하면 그 당시까지 하늘에 있는 천체들은 모두 신이 만든 것으로 흠이 없는 완전한 것으로 생각했는데, 망원경으로 본 달의 표면은 그것이 아니었기 때문이지요. 이들 분화구의 대부분은 유성의 충돌로 생성되었습니다. 달 표면에는 서울시가 수십 개나 들어갈 수 있는 크기(60~300 km)의 분화구들이 약 234개나 있다고 과학자들은 말합니다. 달에 이렇게 많은 분화구가 있는 까닭은 무엇일까요? 그것은 달의 중력과 깊은 관계가 있습니다. 달은 중력이 매우 약하기 때문에 지구처럼 대기권을 가지고 있질 못합니다. 대기를 이루는 기체들을 잡아둘 힘이 없는 것이지요. 그래서 달에는 공기가 없습니다. 물론 물도 없습니다. 처음에는 있었을지도 모르지만 시

Click!

달
http://www.3355.co.kr/nature/earth/dal.htm

● 달의 수많은 분화구와 깜깜한 하늘. 멀리 지구가 보인다.

⬡ 우주선은 조용히 고요의 바다에 착륙했다. 그리고 인류는 지구의 어떠한 단단한 물질에 새긴 것보다 더욱 영원할 발자국을 달 표면에 남겼다. 아폴로 11호의 대장 닐 암스트롱이 달에 남긴 인류 최초의 발자국.

간이 지나면서 모두 도망갔을 거예요. 따라서 달에 들어오는 유성들은 모두 그대로 표면에 충돌합니다. 지구처럼 대기권에 들어오면서 마찰로 인해 타서 없어지거나 하질 않았습니다. 그리고 이미 만들어진 분화구들은 아주 오랜 세월 동안 그 형태가 잘 보존됩니다. 대기나 물이 없어 풍화 작용이 일어나지 않기 때문입니다. 아폴로 11호를 타고 갔던 암스트롱의 발자국은 아직도 선명하다고 합니다.

그리고 달에서 하늘을 보면 밤이나 낮이나 깜깜하답니다. 이것도 대기가 없기 때문에 빛을 산란하지 못해서 그런 거지요.

지구도 달처럼 중력이 약해진다면 같은 일이 일어날 것입니다. 중력이 약해진 그 시점부터 지구에 있던 공기들은 지구 밖으로 모두 도망가겠지요. 그 뒤부터 지구는 외계로부터 들어오는 수많은 유성들에 의해 도처에서 폭발이 일어나고 피해를 볼 것입니다. 그러다가 시간이 지나면 달 표면처럼 황폐한 구덩이만 가득하겠지요. 뿐만 아니라 하늘은 점점 어두워지다가 나중에는 깜깜해질 겁니다. 이외에도 지구의 중력이 작아졌을 때 일어날 수 있는 일은 매우 많습니다. 이번에는 우리 주변의 일을 생각해봅시다.

중력이 작아지면 우리의 몸무게가 따라서 작아집니다. 중력이 10배 작아지면 우리의 몸무게도 10배 줄어듭니다. 화끈하게 비교하기 위해 중력이 100배나 줄었다고 생각해볼까요? 재미있는 일이 많이 일어날 것입니다.

벼룩의 예를 들어보겠습니다. 키가 1.6mm에 불과한 벼룩은 자기 키의 130배인 30cm까지 뛰어오르는 세계 최고의 높이뛰기 선수입니다. 사람으로 치면 키 170cm인 사람이 65층 건물 꼭대기까지 뛰어오르는 것과 같습니다. 그런데 지구의 중력이 100배나 줄어든다면 벼룩은 한 번에 3,000cm, 즉 30m까지 높이 뛸 수 있습니다. 그리고 떨어질 때는 중력이 매우 약해졌으므로 엄청 많은 시간이 걸릴 것입니다. 따라서 벼룩은 몇 번 뛰고 나면 껍질만 앙상하게 남은 채로 굶어 죽을 것입니다.

⊙ **높이뛰기 챔피언 벼룩.** 다리가 잘 발달되어 밑마디는 매우 크고 발목 마디는 5마디, 뒷다리는 도약하는 데 적합하다.

　이런 예는 모두에게 적용됩니다. 잘 뛰어다니는 동물들은 뛰기를 겁내겠지요. 한번 뛰었다가는 언제 땅에 내려올지 모를 테니까요. 사람들도 마찬가지입니다. 힘 조절을 잘하지 못하면 수없이 천장에 가서 부딪힐 것입니다. 모두 쇠뭉치를 매달고 다녀야겠지요. 풀이나 나무들의 키도 엄청 커질 것입니다. 바나나 맛을 보려면 지상에서 몇백 미터나 되는 높은 곳까지 가서 따야겠지요.

　사람의 몸무게를 나타내는 수치가 형편없이 줄어듭니다. 100kg이나 하던 사람의 체중이 불과 1kg밖에 나가지 않을 테니까요. 따라서 다이어트 광고 내용도 달라져야겠지요? '다이어트의 신기록! 일주일 만에 무려 200g이나 감량 성공!' 요즘 동네 아줌마들이 몸무게를 줄이기 위해 갖가지 노력을 다하고 있습니다. 아이들 일찍 재우고 헬스 클럽 다니기, 반신욕 하기, 다이어트 보조식품 먹기 등. 그러나 이런 일들이 필요 없게 되겠네요. 그런데 문제는 몸무게는 줄일 수 있지만 날씬해지지는 않는다는 것입니다. 약 오를 일이지요? 그러나 실제로 지구는 아주 비참한 최후를 맞이하게 될 것입니다. 공기도 물도 없는 데다, 수많은 **유성**을 그대로 맞아야 하니 말입니다.

여기서 잠깐!

유성이란 무엇일까?

• 유성

별똥별이라고도 한다. 태양계의 작은 천체들로 지구 대기권으로 들어와 공기와의 마찰로 타는데, 보통 100∼130km의 고도에서부터 눈에 보이기 시작한다. 대부분의 유성체는 20∼90km의 고도에 이르면 완전히 타서 없어진다.

• 유성우

지구가 유성군의 궤도를 지날 때 짧은 시간 동안에 많은 유성을 볼 수 있는데 이를 유성우(流星雨)라고 한다. 11월의 사자자리 유성우가 대표적이다.

사자자리 유성우

지구의 중력이 지금보다 커지는 경우

지구의 중력이 지금보다 커지면 어떻게 될까요? 앞에서 말한 내용과 반대 현상이 일어날 것입니다. 우리 우주를 이루는 천체들의 대부분은 사실 지구보다 중력이 큽니다. 대표적으로 중력이 큰 천체에는 중성자별이 있습니다.

중성자별이란, 질량이 태양보다 훨씬 큰 별의 마지막 진화 단계에서 형성되는 별입니다. 중력이 지구보다 1조 배나 큽니다. 중성자별의 표면은 아주 매끈한데, 그 중력을 이기고 돌출될 수 있는 지형이 존재하지 않기 때문입니다. 만약 중성자별에 1mm 높이의 산이 있다면 이 산을 오르기 위해서는 지구를 완전히 탈출할 때보다도 많은 에너지가 필요합니다. 또 1cm 높이에서 먼지 1개를 떨어뜨리면 고성능 폭탄이 터지는 효과와 같은 충격이 발생합니다. 따라서 중성자별에 가기 전에는 몸에 먼지 하나 없어야 하고, 머리도 빡빡 밀어야 할 것입니다. 혹시 실수로 몸에 묻은 먼지나 머리카락이 떨어지면 그것으로 끝이니까요. 물론 갈 수도 없겠지

중성자별
질량이 태양 질량의 15배 이상인 별은 마지막 단계에서 매우 큰 에너지를 방출하면서 순간적으로 폭발하여 초신성이 된다. 이때 별의 바깥쪽 부분이 날아가 버리고, 중심은 엄청난 중력으로 계속 수축하게 되며, 이러한 과정에서 양성자와 전자가 합쳐져 중성자를 형성한다. 따라서 크기는 수십 km 정도밖에 안 되지만 밀도가 아주 큰 중성자별이 된다.

만 말이지요. 그리고 아무것도 제대로 볼 수 없을 것입니다. 중성자별의 표면 중력은 엄청나게 크므로 빛이 구부러지기 때문이지요. 우리가 어떤 물체를 볼 수 있는 것은 빛이 직진하기 때문인데, 빛이 구부러지면 아무것도 제대로 볼 수 없게 됩니다.

위 이야기를 지구에 적용시켜 볼까요? 지구의 중력이 현재보다 100배가 더 커진다고 가정해봅시다. 우선 지구의 표면은 지금보다 훨씬 평탄할 것입니다. 물은 중력의 영향으로 위에서 아래로 흐르는데, 중력이 커졌으므로 물의 흐르는 속도가 매우 빨라지고, 그 에너지도 훨씬 증가하게 되므로 지표를 침식시키고 운반하는 퇴적물의 양도 많아집니다. 계곡도 훨씬 깊어집니다. 또한 산의 높이가 지금보다 훨씬 낮아지겠지요. 중력을 이기고 위로 솟아오르기 매우 힘들기 때문이지요. 설사 높은 산이 있다고 하더라도 서서히 아래로 무너져 내릴 것입니다.

또한 지금보다 훨씬 많은 공기가 대기권을 이루고 있겠지요. 대기압이 지금보다 100배나 높아질 것입니다. 그 무거운 대기를 이기고 서려면 엄청난 에너지가 필요하겠지요.

🔆 중성자별의 형태를 컴퓨터 그래픽으로 표현한 것

지구에 사는 동식물은 이 환경에 적응해야할 텐데, 기린의 키는 지금보다 훨씬 작아지고, 코끼리의 네 다리는 훨씬 굵어집니다. 사람들은 또 어떻게 될까요? 짜리몽땅 그 자체일 것입니다. 두 다리는 코끼리 다리처럼 굵어질 것이고, 몸의 뼈는 통뼈가 될 것이고, 키는 30센티미터 자로도 잴 수 있을 정도가 되겠지요. 슈퍼 모델 선발 대회를 상상해보세요. 웃길 거예요. 몸이 날씬하고, 다리가 길게 빠진 여성들은 구경하기 어렵습니다. 반면에 참가자들은 모두 옆으로 퍼진 몸매에 튼튼한 무다리일 것입니다.

우리가 살고 있는 주변 환경도 매우 달라져야 할 것입니다. 지금보다 100배나 큰 중력을 이길 수 있는 환경이 되어야 하기 때문이지요. 집은 어떻게 지어야할까요? 지금처럼 고층 건물이나 아파트를 지을 수 있을까요? 지금처럼 한다면 이런 건물들은 얼마 가지 않아 무너져 내릴 것입니다. 무너져 내리지 않더라도 그 높이까지 엘리베이터가 올라가려면 전기세가 무지 많이 나올 테고, 어쩌다 엘리베이터가 고장난다면 걸어 올라갈 때 몸이 천근만근 무거워 20층 높이라면 하루 종일 걸릴 것입니다. 따라서 건물은 모두 낮게 지어야할 것입니다. 사람들의 키도 줄었으니까 층간의 높이도 낮아질 테고요.

으윽! 밑에서 너무 세게 당겨!

그 외 예상되는 변화들

• 모든 새들은 날지 않고 천천히 걸어 다닌다
동식물도 환경에 알맞게 적응할 것입니다. 풀이나 나무의 키는 매우 작아질 것이고, 새들도 날아다니기보다는 타조처럼 굵은 다리로 아주 천천히 걸어다닐 것입니다.

- 스포츠를 즐기기 위해 생명 보험에 가입해야 한다

스포츠도 목숨을 걸고 해야겠지요. 예를 들어, 스키를 타더라도 언덕을 내려오는 스키의 속도가 비행기보다 빨라질 테니까요. 스카이다이빙이나 번지 점프는 엄두도 못 낼 것입니다.

- 우박에 맞아 죽는다

비가 오거나 우박이 떨어지면 어떻게 될까요? 물론 공기의 밀도가 높아 공기 저항을 전보다 많이 받겠지만, 속력은 훨씬 더 증가할 것입니다. 비나 우박이 오면 모두 지하 동굴로 대피를 해야할 것입니다.

- 우주 개발이 불가능하게 된다

중력이 증가하게 되면 우주 탐사선의 **지구 탈출 속도**가 매우 증가하기 때문에 탐사선을 띄우는 데 많은 에너지가 필요하게 됩니다. 때문에 막대한 경비 문제로 우주 개발은 엄두도 못 낼 일이 될 것입니다.

지구 탈출 속도
현재는 지구 탈출 속도가 초속 약 11km이지만, 중력이 지구의 2.5배 정도 증가한다면 인공위성이 지구의 중력에서 벗어나기 위해 초속 60km의 속도를 내야 한다. 이런 속도를 내는 것은 현재는 거의 불가능하다.

- 태양계 전체의 구조가 변하게 될지도 모른다

태양과의 인력이 커지기 때문에 공전 속도가 더 빨라져야 태양 쪽으로 끌려가지 않게 됩니다. 지구는 중력과 원심력이 같아지는 새로운 궤도를 찾아야 할 것입니다. 이 말은 태양과 지구 간의 거리에 변화가 생긴다는 것을 의미합니다. 그렇게 되면 태양 복사에너지의 양이 달라지므로 날씨는 지금과 많이 다르겠지요.

- 달은 끌려오지 않기 위해 더 빨리 공전해야할 것이다

달의 공전 궤도가 변하므로 한 달에 한 번씩 달의 모양이 바뀌는 현상도 달라집니다. 달과의 인력이 커지므로 달은

끌려오지 않기 위해서 더 빠르게 공전해야할 것입니다. 그리고 커진 인력으로 인해 주변의 천체 조각들이 더 많이 지구로 끌려들어올 것입니다. 지구는 밤마다 화려한 유성 쇼로 잠 못 이루게 될 것입니다.

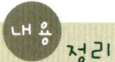

내용 정리

만유인력과 지구의 중력

1. 만유인력(중력)

영국의 과학자 뉴턴은 모든 물체들 사이에는 두 물체의 질량의 곱에 비례하고 두 물체 사이의 거리의 제곱에 반비례하는 힘이 작용하는데, 그 힘을 만유인력 또는 중력이라고 하였다. 중력은 지구뿐만 아니라 태양이나 달과 같은 모든 천체에서 나타난다.

2. 중력장

중력이 작용하는 공간을 중력장이라 한다.

3. 지구의 중력

지구와 지구상의 물체에 작용하는 만유인력을 지구의 중력이라고 한다. 지구상의 물체에는 만유인력 외에도 지구의 자전에 의한 원심력이 작용하고 있으며, 이 두 힘의 합력이 물체에 작용하는 알짜힘이며 지구의 중력이다. 원심력은 중력에 비해 아주 작으므로 지구의 중력은 거의 만유인력의 크기와 비슷하다.

4. 무중력 상태

지구 둘레를 일정한 속력으로 돌고 있는 인공위성이나 지구의 중력에 의해 낙하하는 상자 안에서 물체의 무게를 측정하면 물체의 무게는 0이 된다. 이와 같이 물체에 중력이 작용하지 않는 것과 같은 상태를 무중력 상태라고 한다. 무중력은 중력이 없다는 뜻이 아님을 유의해야 한다.

멍청한 외계인

반중력이 있다면 어떻게 될까?

영화 속에서 빨간 망토를 맨 슈퍼맨이 하늘을 마음대로 날아다니는 장면을 보면, '나도 저렇게 하늘을 날 수 있으면 얼마나 좋을까?' 하는 생각을 하게 됩니다. 사람들은 슈퍼맨이 반중력이라는 힘을 이용할 수 있기 때문에 하늘을 날 수 있다고 하는데, 반중력의 정체는 무엇일까요?

U FO가 무엇인지 다 알지요? UFO는 '미확인 비행 물체'라고 해석되는 용어입니다. 세계 여러 지역에서 과학적으로 설명되지는 않지만, 사람들에게 목격되거나 사진 촬영 등을 통해 보고된 불가사의한 비행 물체를 말합니다.

책임 있는 정부 당국자나 과학자들은 공식적으로 UFO는 존재하지 않는다고 말하지만, 미국에서 실시한 여론 조사에 따르면 UFO가 실제로 존재한다고 믿는 사람이 57%, 존재하지 않는다고 믿는 사람이 27%로 나타나, 존재한다고 믿는 사람이 두 배나 더 많은 것으로 조사되었습니다. 그래서인지 UFO를 소재로 한 소설이나 영화가 많은 인기를 얻고 있습니다. 여러분도 UFO의 존재를 믿나요?

세계적으로 큰 인기를 끌었던 공상과학 영화 〈인디펜던스 데이〉에서는 미국의 뉴욕 상공에 뉴욕만큼이나 큰 UFO

> **Click!**
> UFO (unidentified flying object)
> http:// www.ddangi.com /g-2.html

가 소리도 없이 떠 있는 장면이 나옵니다. 거대한 UFO가 떠 있으려면 아주 많은 양의 에너지가 필요합니다. 왜냐하면 UFO는 엄청난 중력을 받고 있고, 이러한 중력을 이기고 공중에 떠 있으려면 대단히 많은 에너지가 들기 때문이지요. 따라서 영화를 만든 사람들이나 UFO의 존재를 믿는 사람들은 이 문제의 해결점을 반중력에서 찾습니다. 반중력이 작용하면 아무리 큰 UFO라도 에너지가 많이 들지 않고, 공중에 자유자재로 떠 있을 수 있다고 생각하기 때문이지요.

반중력이란 무엇일까요? 이것은 말 그대로 중력과 반대되는 힘입니다. 뉴턴이 말한 만유인력의 법칙에 따르면 절대로 존재할 수 없는 힘이지요. 만유인력의 법칙에서 중력은 질량을 가진 물체 사이에 존재하는 힘으로, 두 물체의 질량에 비례하고 거리의 제곱에 반비례하는 힘으로 정의됩니다. 따라서 반중력이 존재하려면 질량이 (−) 값을 가져야 하는데, 물체가 (−) 값의 질량을 가진다는 것은 그 물체가 존재하지 않는다는 것을 의미합니다. (귀신이라면 또 모르지요.)

그러나 전기력이나 자기력에 인력과 척력이 존재하는 것처럼, 자석에 두 극이 있는 것처럼, 중력도 반중력과 함께

으르릉~
저리 떨어져

존재한다고 믿는 과학자들도 있습니다. 과학이란 언제나 불
가능했던 것들을 가능한 것으로 바꾸어왔기 때문이지요.

그렇다면 일단 반중력을 가진 물질이 존재한다고 생각해
봅시다. 어떤 일이 일어날까요? 지구와 반중력 물질 사이에
는 서로 밀어내는 힘이 작용할 것입니다. 중력이 지구 위의
물체를 잡아당기는 것과는 반대로 반중력 물질로 이루어진
물체는 지구로부터 점점 멀어질 것입니다. 그렇기 때문에
반중력 물질은 이미 지구에 존재할 수 없습니다. 혹시 있다
고 하더라도 이미 지구와의 반발력 때문에 모두 우주 밖으
로 날아갔을 거예요.

그래도 UFO는 발달된 외계 문명의 산물이므로
반중력 엔진을 이용하는 비행체라고 주장하는 사람
들이 있다면, 그들은 다음과 같은 문제에 대해 어떻
게 대답할까요? 반중력을 이용한 비행체라도 그냥
둥둥 하늘에 떠 있지는 못합니다. 반중력이 작용하
면 자꾸 지구로부터 멀어지려고 할 텐데, 멀어지지
않으려면 결국 위 방향으로 제트 엔진 분사와 같은
것을 해야할 겁니다. 중력을 이기고 떠 있기 위해
사용하는 에너지의 양과 마찬가지로 하늘 쪽으로
에너지를 소비해야한다는 말이지요. 이렇게 된다면 에너지
를 쓴다는 측면에서 힘들게 반중력을 사용할 필요가 없지요.

그리고 물리적으로 결정적인 모순이 있습니다. 만약에
UFO가 반중력 엔진으로 뉴욕 상공에 고요히 떠 있다고 생
각해봐요. 이것은 지구가 UFO를 잡아당기는 중력과 UFO
가 작동하는 반중력의 힘이 균형을 이루고 있다는 뜻인데,
즉 무중력 상태를 의미하는 것입니다. 이럴 경우, 지구가 시
속 1,670km로 자전하고 있고, 초속 30km로 공전하고 있기

〈인디펜던스 데이〉의 한 장면. 뉴욕 상공에 떠 있는 엄청난 규모의 UFO 모선

때문에 무중력 상태로 제자리에 있기 원하는 UFO는 지구의 자전과 공전 효과 때문에 뉴욕 상공에서 저 멀리 날아가는 결과를 맞게 됩니다. UFO가 뉴욕 상공에 떠 있기 위해서는 지구 자전과 공전의 반대 방향으로 같은 속도로 움직여야 합니다. 반중력을 이용하기 위해서는 비싼 대가를 치르는 것이지요.

이렇게 보면 UFO에 타고 있는 외계인들의 머리는 무척 나쁜 것 같습니다. 그냥 제트 분사 장치로 중력의 힘만 이기면 될 것을 반중력을 이용한답시고 더 많은 에너지를 사용하니까요. 우리 지구인의 입장에서 보면 무척 다행이라는 생각이 드는군요. 그렇게 머리 나쁜 외계인과의 싸움이라면 머리 좋은 지구인들이 결코 질 것 같지는 않으니까요. 그래서 영화 〈인디펜던스 데이〉에서도 우리 지구가 승리를 하는 것일까요?

내용 정리

반중력

반중력 물질은 용어 자체로 보아서도 지구에 자연적인 상태로 존재할 수 없다. 왜냐하면 지구는 중력의 영향에 있는데, 반중력 물질은 그 중력과 반대되는 힘을 가지게 되므로 설사 존재한다고 하더라도 곧 지구와 서로 밀어내는 반발력을 받게 되어 지구로부터 탈출하게 될 것이기 때문이다.

일부 천문학자들의 연구에 따르면, 우주에 존재하는 물질의 약 90%가 아직 정체를 알 수 없는 '암흑 물질'로 이루어져 있고, 암흑 물질들은 우리가 아는 중력과는 다른(우리가 알지 못하는) 미지의 힘을 가지고 있다고 한다. 따라서 반중력이란 힘의 실마리를 암흑 물질에서 찾을 수 있을 것으로 기대하고 있다. 반중력의 응용 범위는 실로 엄청나고, 반중력의 발견은 새로운 인류 문명으로 나아가는 길이 될 수도 있기 때문에 이 분야에 대한 연구는 지속될 것이다.

엉큼한 상상

마찰력이 없다면 어떻게 될까?

지금 생방송으로 방영되는 인기 가요 프로그램을 보고 있는 중입니다. 그런데 신나게 춤을 추며 노래하던 가수와 백댄서들의 옷이 갑자기 스르륵 흘러내리는 황당한 방송 사고가 발생했습니다. 옆에서 함께 보고 있던 오빠가 두 눈을 부릅뜨고 그 광경을 자세히 보려고 하다가 엄마에게 무척 혼났죠. 그러다가 아예 텔레비전 방송 자체가 중단되었습니다. 가만히 보니까 엄마, 오빠, 그리고 내 옷도 정상이 아닙니다. 난리가 났어요. 옷이 점점 흘러내리는 것을 깨닫고 엄마는 후다닥 안방으로, 오빠와 나는 각자의 방으로 들어가 이불을 뒤집어썼습니다. 나는 콩닥거리는 가슴을 진정시키느라 진땀을 흘렸습니다. 우째 이런 일이 일어났을까요?

독자 여러분, 갑자기 황당한 이야기로 시작해서 죄송합니다(고개 꾸뻑). 앞의 이야기는 '마찰력이 없어진다면 어떻게 될까?'라는 내용에 대한 흥미를 높이기 위한 과감한 시도였습니다. 남자아이들은 더 이상 응큼한 상상을 하지 않기를 바랍니다.

○ 가수와 백댄서들

마찰력이라는 힘은 사람이 옷을 입는 데 매우 중요한 역할을 하고 있습니다. 옷을 이루고 있는 천과 천의 이음새는 모두 실밥으로 되어 있는데, 마찰력이 없어지면 그 실밥이 서서히 풀리게 되기 때문이죠. 뿐만 아

○ 낙원에서 쫓겨나 슬퍼하는 아담과 이브

니라 지퍼와 단추 등이 제 구실을 못하게 됩니다. 결국 우리가 입고 있는 옷들은 옷의 역할을 할 수 없고, 우리는 태초의 아담과 이브처럼 큰 나뭇잎으로 중요 부분을 가리고 다녀야할 것입니다.

그리고 방송이 중단된 것도 마찰력과 관계가 있습니다. 왜냐하면 방송국에 있는 장비들에 박혀 있던 나사못이 힘(마찰력)을 잃고 느슨해지거나 풀리면서 기계들이 분해되어 작동이 되지 않았기 때문이지요. 아예 방송국 건물 자체가 무너져 내렸을지도 모르는 일입니다. 대형 사고지요. 우리 집은 어떻게 될까요? 방송국처럼 폭삭 무너져 버린답니다. 지금까지의 내용을 봐도 마찰력이 없어지는 일은 간단치 않은 것임을 눈치 챘겠지요? 지구의 중력이 없어지는 일 못지 않은 큰 일이랍니다. 마찰력이 없어지면 어떤 일이 일어날까요?

우리는 모두 굶어 죽는다

마찰력이 없어지는 순간 우리가 굶어죽는다니요! 이건 무슨 말입니까? 자신이 밥을 먹는 과정을 잘 생각해보세요. 마찰력이 없어지면 젓가락 사용이 가능할까요? 젓가락으로 집은 음식물들이 입으로 가기 전에 미끄러져 밥상에 흘러내리게 된답니다. 밥상은 엉망진창이 될 것이고 엄마에게 엄청 혼나게 되겠지요. 하기야 엄마도, 아빠도 모두 같은 처지일 것입니다.

같은 이유로 육식 동물들은 날카로운 발톱으로 먹이를 움켜잡을 수도 없고, 발바닥이 미끄러져 쫓아갈 수도 없게 됩니다. 그러니 가만히 앉아서 이슬이나 먹고 살 수밖에요. 그러면 젓가락 대신에 포크를 사용하면 되지 않겠느냐고?

글쎄, 그럴까요? 뱃속의 위나 창자 안에서의 마찰력도 없어
지게 되니까, 음식물을 먹는다 하더라도 창자에서 머물지
않고 미끄러져 음식이 소화되지 않은 채 설사처럼 항문으로
나올 것 같은데요. 이것은 완전히 자동 다이어트라고 할 수
있습니다. 다이어트 관련 사업은 이제 설사 대비 사업으로
전환해야 할 것입니다.

자동차 보험은 없어지고, '돌 보험'이 생긴다

얼음판 위에서 걷기가 힘들다는 것은 경험으로 잘 알고
있을 것입니다. 이것은 얼음판 위가 마찰이 적기 때문입니
다. 그렇다면 마찰력이 아예 없다고 할 때, 서 있다가 가고
싶은 방향으로 갈 수 있을까요? 마찰력이 없으면 발이 바닥
을 미는 힘에 대응하는 반작용이 없어집니다. 따라서 걸어
갈 수 없게 됩니다.

그러면 어떻게 하면 움직일 수 있을까요? 배낭에 크고 작
은 돌멩이를 잔뜩 지고 있다가 움직일 일이 생길 때마다 가

여기서 잠깐!
작용과 반작용

서로 다른 두 물체 A와 B가 있다고 할 때, 물체
A가 B에 힘을 가하면 물체 B도 물체 A에 힘
을 가하게 되는데 이를 반작용이라고 한다. 작용과
반작용은 물체의 운동 상태에 관계없이 항상 성립
하며, 서로 접해있는 물체뿐만 아니라 중력, 전기
력, 자기력과 같이 서로 떨어진 물체 사이에도 성립
한다.

- **작용과 반작용의 조건**

작용과 반작용은 서로 크기가 같고 반대 방향이

다. 동시에 발생하며 한 쌍으로 존재한다. 서로 다
른 두 물체 사이에 존재한다.

- **작용과 반작용의 예**

1. 공을 바닥에 떨어뜨리면 공은 바닥에 힘을 작
   용하고, 동시에 바닥은 공에 반작용하여 공이
   튄다.
2. 로켓이 발사될 때 가스가 분사되면 로켓이 땅
   을 미는 힘으로 땅도 로켓을 밀어주기 때문에
   로켓이 상승할 수 있다.
3. 총을 쏘면 탄환이 앞으로 날아가면서 총을 뒤
   로 민다. 따라서 포수의 어깨가 뒤로 밀린다.

고자 하는 방향의 반대 방향으로 돌을 던지면 움직일 수 있을 것입니다. **작용과 반작용**의 원리를 이용한 것이지요.

더 멀리 움직이려면 큰 돌을 힘차게 던지면 됩니다. 하지만 돌을 던질 때 조심해야 한답니다. 넘어지기 쉽기 때문이에요. 그리고 멈출 때도 마찬가지로 돌을 앞으로 던져야 합니다. 아마 길을 걷다가 돌멩이에 맞아 부상을 입는 사람들을 위해 신종 보험이 생길 겁니다. 소위 '돌 보험'이 생기겠지요. 이 보험은 기존의 자동차 보험을 대신하는 보험사들의 주력 상품이 될 것이 분명합니다.

우리가 많이 사용하는 자전거는 페달을 밟으면 바퀴가 길에 대하여 뒤쪽으로 밀려나도록 힘을 받아요. 이에 대한 반작용으로 힘이 앞 방향으로 작용하며 이것이 자전거를 앞으로 나가게 하지요. 이때 마찰력이 작용하지 않으면 바퀴는 앞으로 가지 않고 제자리에서 미끄러지기만 한답니다.

마찰력이 없어지면 걸어다닐 수도, 자전거를 탈 수도, 기어다닐 수도 없습니다. 아예 방문을 나설 수도 없을 거예요.

❶ 폭설이 내리면 평소보다 훨씬 많은 교통사고가 일어난다. 자동차 공업사가 사고 차량들로 가득 차 있는 모습.

왜냐하면 문고리를 잡아 돌리려고 해도 미끄덩 미끄러지기 때문이지요. (손바닥에 식용유를 묻히고 문을 여는 것과 비슷하다고 생각하면 될 거예요. 잠깐! 실험정신이 투철하여 온 집안 방문마다 식용유를 묻혀놓지는 마세요. 어머니가 가만두지 않으실 테니.) 자동차도 마찬가지입니다. 설사 움직이더라도 브레이크가 작동하지 않으므로 교통사고가 일어나게 될 것이고 이것은 교통 대란으로 이어질 것입니다. 비행기의 이착륙이 불가능하게 되는 것은 물론, 배도 움직이지 못합니다. 프로펠러가 물과 마찰을 일으켜

물을 뒤로 보내야 하는데, 계속 헛돌기 때문이지요. (움직일 수 있는 교통수단이 무엇이 있는지 아는 사람은 연락 바랍니다. 마찰력이 없어도 움직일 수 있는 특별한 운송수단을 개발하는 사람은 대박을 터뜨릴 것입니다.) 따라서 방에 '콕' 박혀 그저 굶어죽을 때까지 기다려야 할 운명에 놓이게 됩니다. 교통 대란은 물류 수송의 마비를 불러일으켜 모든 경제 활동을 불가능하게 할 것입니다.

천상의 선율을 들을 수 없다

우리나라 출신의 세계적인 바이올리니스트 장영주 양이 연주하는 **사라사테**의 **카르멘 환상곡**을 들어본 적이 있나요? 한국 사람으로 태어난 것에 대한 자부심을 느끼게 하는 아름다운 연주입니다. 아직 듣지 못한 사람은 인터넷을 이용해서라도 들어보세요. 아름다운 선율을 경험할 수 있을 거예요.(장영주 언니 파이팅!)

바이올린의 아름다운 선율은 현과 활에서 생기는 정지 마찰의 주기적인 반복으로 창조되는 것입니다. 물리적으로

사라사테
스페인 출생으로 8살 때부터 음악 공부를 했다. 파가니니 이후 바이올린의 거장으로 명성을 떨쳤다. 그의 연주는 투명하고 부드러우며 감미로운 음색과 화려한 기교의 조화로 많은 사랑을 받았다.

카르멘 환상곡
비제의 오페라 '카르멘'의 주선율들이 바이올린 연주용으로 편곡된 곡이다.

✿ 미국 뉴욕의 링컨 센터 애버리 피셔홀에서 쇼스타코비치의 곡을 연주하고 있는 장영주. 그의 신들린 듯한 활긋기에 모두 넋을 잃었다.

공명

각 물체마다 갖고 있는 진동을 고유 진동수라고 한다. 물체의 외부에서 주기적인 힘을 가하면 물체는 주어진 힘과 같은 주기를 갖고 진동한다. 이때 외부의 힘이 물체가 갖고 있는 고유 진동수와 같으면 물체의 진폭은 더욱 커지게 되는데, 이를 공명이라고 한다.

설명하자면, 현과 활이 붙어있을 때 생기는 정지 마찰과 미끄러질 때 생기는 운동 마찰의 주기적인 반복으로 소리가 나는 것이지요. 우리가 음악회에서 듣는 감미로운 현악기의 음색은 진동하는 줄의 소리를 악기의 통이 **공명**을 일으켜 만드는 것입니다. 그러므로 마찰력이 없다면 우리는 장영주가 연주하는 천상의 소리를 들을 수 없습니다. 이것은 장영주에게만 적용되는 것이 아니라 로스트로포비치의 첼로 연주나 그 외 모든 현악기의 연주에 해당하는 일이랍니다. 얼마나 안타까운 일인가요.

우리나라의 올림픽 금메달 수가 줄어든다

2002년 미국의 솔트레이크에서 열린 동계 올림픽 대회를 기억하나요? 쇼트 트랙 남자 1,500m 경기에서 우리나라의 김동성 선수가 편파적인 심판의 판정으로 일본계 미국인 오노에게 금메달을 빼앗긴 일이 발생했었지요. 당시 우리 국민들은 이 황당한 사건에 울분을 참지 못했습니다. 그렇지만 우리나라는 금메달 2개, 은메달 2개로 종합 14위를 차지

🔶 김동성과 오노가 선두를 다투는 장면

했으며, 대부분의 메달은 쇼트 트랙에서 나왔습니다.

그런데 마찰력이 없어진다면 스케이트나 스키 같은 종목에서 선수들이 목숨을 걸지 않고는 경기를 치를 수 없게 됩니다. 우리가 스케이트나 스키를 즐길 수 있는 것은 얼음과 스케이트, 눈과 스키 사이에 마찰로 인해 열이 발생하기 때문입니다. 마찰열은 약 0.01cm의 얇은 수막을 형성하고 이것이 마찰력을 줄여 속도감을 높이는 역할을 합니다. 그리고 골인 선 앞에서는 멈춰야 하는데, 마찰이 없다면 사람들이나 바위, 건물들과 충돌을 하므로 몸이 부서지는 것은 예정된 일이 될 것입니다. 따라서 동계 올림픽 종목에서 스케이트나 스키 종목은 사라질 것이고 우리나라의 메달 수는 줄어들 것입니다.

금강산 관광이 중단된다

금강산은 정말 아름다운 산입니다. 육로를 통한 금강산 관광은 남북한의 통일 분위기를 조성하는 데 큰 역할을 하고 있습니다. 그런데 마찰력이 없어지면 금강산은 서서히 무너져 내리게 됩니다. 왜냐하면 위로 쌓인 바위 덩어리나 모래, 흙 등이 마찰이 없어지면서 쌓여 있을 수 없기 때문입니다. 나무나 풀 등의 뿌리도 흙을 붙잡고 있을 수 없어 바람이 불고 비가 오면 뿌리째 뽑힐 것입니다. 금강산의 칠층암과 삼선암은 무너져 내리고, 옥류담과 같은 아름다운 계곡은 바위와 흙으로 메워지게 되겠지요. 금강산의 비경은 온데간데없이 사라질 것입니다.

세계의 모든 산이 이와 같은 시련을 겪게 됩니다. 세계에서 최고 높은 에베레스트 산이나 관광객이 많이 찾는 유럽의 알프스 산도 같은 운명에 처하게 될 것입니다. 결국 산은

워~매 사람살려!

낮아지고 골짜기는 메워져 지구의 표면은 편평하고 매끈하게 될 것입니다. 이렇게 되면 지구 표면의 마찰력이 약해져 지구 자전 속도가 빨라지게 되겠지요.

아파트나 고층 빌딩이 무너진다

건물이 스르륵 하고 무너져 내릴 것입니다. 마찰이 없어지면 못이나 쐐기가 제 역할을 하지 못하여 아무리 잘 지은 건물도 무너져 내릴 게 분명합니다. 무너진 건물이나 가구, 자동차 등은 모두 인간과 함께 작은 경사를 따라 낮은 곳으로 미끄러져 지구의 낮은 골짜기를 메울 것입니다.

여기서 잠깐!

금강산의 절경

- **칠층암** – 높이가 약 30m가 되는 바위가 7층으로 솟아 있어 칠층암이라고 한다.

- **삼선암** – 아득한 옛날 하늘에서 3명의 신선들이 내려와 금강산의 풍경을 영원히 즐기기 위해 돌이 되었다고 하여 삼선암이라고 부른다.

- **옥류담** – 바위를 타고 흘러내리는 물줄기가 구슬같이 아름답다고 하여 붙여진 이름으로 금강산에서 가장 크고 맑은 계곡이다.

칠층암

삼선암

옥류담

낙하산 부대가 해체된다

군복에 낙하산 마크를 붙이고 구릿빛 얼굴에 당당한 걸음으로 휴가를 나온 군인 아저씨들을 본 적이 있을 것입니다. 낙하산 마크가 진짜라면 그들은 높은 하늘에서 낙하산을 타고 떨어져 적진의 깊숙한 곳으로 쳐들어가 특별한 임무를 수행하는 특수 부대 소속의 군인들이랍니다. (사실, 애인에게 멋있게 보이려고 휴가 때만 가짜로 붙이는 아저씨들도 있다고 합니다.) 그런 그들의 생명을 지켜주는 것은 낙하산이 아니라 공기입니다. 왜냐하면 낙하산을 펼쳐서 내려올 때 공기의 마찰을 받지 못하면 차라리 무거운 낙하산을 지지 않고 내려오는 것이 물리적으로 조금 더 안전한 일이 되기 때문이지요. 따라서 마찰이 없다면 낙하산 부대는 존재할 수 없습니다. 왜냐하면 낙하산을 타고 내려오나 그냥 뛰어내리나 똑같이 떨어져 죽는 것은 마찬가지일 테니까요.

달과의 거리가 멀어진다

썰물과 밀물이 일어날 때 바닷물과 지구의 표면 사이에 생기는 마찰 때문에 지구의 자전 속도가 통제되고, 달과의 거리가 일정하게 유지되는데, 이 마찰력이 없어지면 지구는 더 빨리 돌고, 달은 지구로부터 더 멀리 떨어지게 됩니다. 그 결과는 무엇일까요? 32장 내용을 참고하길 바랍니다.

놀이 공원이 문을 닫게 된다

놀이 공원에 있는 수많은 놀이 기구들의 생명은 브레이크 장치입니다. 자이로드롭에서 브레이크가 작동하지 않는다면 누가 그 기구를 타려고 하겠어요? 마찰력이 없으면 놀이 공원에 있는 놀이 기구들은 모두 쇳덩어리에 불과하지요. 고철 가게 아저씨 땡잡겠네요.

에너지 회사나 윤활유 제조 회사들은 망한다

고속도로에서 한번 움직이기 시작한 자동차는 더 이상 에너지를 쓰지 않아도 계속 가게 됩니다. 마찰 때문에 피스톤이 닳거나 열이 발생하지 않기 때문에 윤활유가 필요 없게 되지요. 이렇게 되면 에너지 회사나 윤활유 제조 회사는 망하게 될 것입니다. 대신 마찰력을 이용하지 않고 방향을 바꾸거나 차를 세울 수 있는 장치를 개발하는 회사는 크게 성공을 하겠지요.

관절염 환자가 없어진다

우리 몸의 뼈와 뼈가 맞닿아 움직이는 부분은 윤활막으로 싸여 있고, 윤활액이 분비되어 마찰이 생기는 것을 방지합니다. 그런데 나이가 들면 윤활액 분비가 감소하여 **관절염**이 생길 수 있습니다. 이 때문에 고통받고 고생하시는 어르신들이 많습니다. 그렇지만 마찰이 없어지면 이런 걱정을 하지 않아도 됩니다. 할머니, 할아버지들의 걸음걸이가 한결 편하게 되겠지요. 관절염 약을 만드는 제약 회사 관계자들은 고민이 되겠지만.

> **관절염**
> 관절염이란 관절, 즉 뼈마디 사이에 염증이 있는 것을 말하며, 세균에 의한 유균성 관절염과 세균에 관계하지 않는 무균성 관절염이 있다. 대표적인 관절염으로는 류마티스 관절염과 퇴행성 관절염이 있다.

학생들의 공부 시간이 대폭 줄어든다 - 절대 희망 사항!

일단, 마찰력 공부를 안 해도 될 것입니다. 물리가 좀더 쉬워질 테니까요. 그리고 볼펜이나 연필 등으로 글씨를 쓸 수가 없습니다. 분필과 연필은 칠판 혹은 종이와의 마찰력으로 가루가 묻는 것이거든요. 선생님의 칠판 수업은 불가능해지겠지요. 숙제도 없어질지 모릅니다. 따라서 노는 시간이 늘어나겠지요.

금연 운동의 필요성이 저절로 없어진다

담배를 피우기가 매우 불편해질 것입니다. 마찰이 없어지면 성냥이나 라이터를 이용하여 불을 붙일 수 없기 때문입니다. 따라서 담배를 피우려면 특수한 점화 장치가 있는 담배 가게에 가서 돈을 주고 불을 붙여야 할지도 모릅니다. 이렇게 되면 화재의 위험은 줄어들 것입니다. 하지만 한번 불이 났다고 하면 하늘에서 비가 올 때까지 기다려야할 걸요. 왜냐하면 앞에서 이야기한 것처럼 소방차가 출동하기 매우 어렵기 때문이지요. 아휴, 그냥 여러 사람을 위해 담배를 안 피우는 것이 좋겠네요.

이런 식으로 금연이 되다니!!

얼굴이 이상하게 변할 것이다

마찰이 없어지면 피부가 사람의 몸에 달라붙어 있기 힘들고 중력의 영향을 받아 계속 아래로 처지게 될 것입니다. 그러면 우리 얼굴은 어떻게 변할까요? 생각만 해도 소름 끼치네요.

샤워가 불가능해진다

샤워기 물을 틀 수도, 비누를 잡을 수도 없습니다. 특히 화장실은 미끄럽기 때문에 서 있을 수도 없습니다. 거의 누워서 움직여야 할 것입니다. 때를 밀 수도 없으니 지저분한 사람들이 많아지겠네요. 매일 안 씻고 잔다고 아빠께 잔소리하는 엄마가 할 말이 없어질 테니 집은 조용해질 것입니다.

화장실 가기가 두려워진다

볼일을 보고 엉덩이를 닦을 수 있을까요? 대답은 각자가 알아서 해보세요.

태풍 앞에서 꼼짝없이 망한다

태풍은 발생 후 이동하면서 바다 수면과의 마찰에 의해 에너지를 조금씩 잃다가 육지에 상륙하면 육지 표면과의 마찰 때문에 에너지를 대부분 잃고 소멸합니다. 그런데 마찰력이 없어진다면 이런 일은 일어나지 않을 것이고, 태풍이 몇 번 지나가면 도시와 농촌은 풍비박산이 날 것입니다. 특히 농사는 지을 엄두도 못 내지요.

Click!

태풍
http://www.typhoon.or.kr

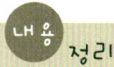

마찰력

물체와 표면 사이에 물체의 운동을 방해하는 힘이 작용하는데, 이 힘을 마찰력이라고 한다. 마찰력의 크기는 표면의 거친 정도에 따라 다르며 면적과는 관계가 없다. 무거운 물체를 끌어당기는 데 힘이 많이 드는 것은 물체가 무거울수록 마찰력이 크기 때문이다. 마찰력은 운동 방향과 반대 방향으로 작용한다.

1. 정지 마찰력

정지해 있는 물체에 외부 힘을 가해도 물체가 계속 정지하고 있을 때 작용하는 마찰력이다. 이때의 마찰력은 외부에서 주는 힘의 크기와 같고 방향은 반대 방향이다.

2. 최대 정지 마찰력

정지해 있는 물체가 움직이기 직전에 받는 마찰력을 최대 정지 마찰력이라고 한다. 마찰력 중에 가장 큰 값을 갖는다.

3. 운동 마찰력

물체가 운동을 할 때 작용하는 마찰력이다.

'호두까기인형'의 슬픔

관성이 없다면 어떻게 될까?

해마다 크리스마스 무렵이 되면 세계 여러 나라에서는 〈호두까기인형〉이라는 발레 작품이 공연됩니다. 호프만의 〈호두까기인형과 생쥐왕〉을 극의 줄거리로 하여, 어린이를 유난히 좋아했던 러시아의 작곡가 차이코프스키가 곡을 붙여 만든 작품입니다. 이야기는 어떤 소녀가 크리스마스 선물로 받은 호두까기인형을 나무에 걸어두고 잠이 들었는데, 꿈속에서 여러 모험과 환상을 겪게 된다는 내용입니다. 쉽고 친숙한 이야기를 바탕으로 아름다운 춤들로 구성되어 있어서 온 가족이 즐길 수 있는 발레입니다.

작년 겨울 크리스마스 일주일 전, 가족의 문화 수준을 높이기 위해 오랜만에 큰돈을 들여 '호두까기인형' 공연표를 구입했습니다. 추운 날씨에도 불구하고 버스 타고, 전철 타고 힘들게 세종문화회관에 도착했지요. 촌놈이 서울 구경하듯이 세종문화회관 앞에서 기념 사진 몇 장을 '찰칵' 촬영한 후 입장을 했습니다.

드디어 무대의 막이 오르고, 아름다운 교향악의 연주와 함께 발레리나들이 등장했습니다. 그런데 무대에서 이상한 일이 일어났습니다. 발레리나들의 춤이 처음부터 엉망인 것이 아닙니까! 춤 동작이 부드럽게 이어지지 않고, 매 순간 끊어지고 있는 것이었습니다. 생전 처음 보는 발레극이지만 아이들과 함께 미리 발레 공부까지 하고 왔는데…. 아이들

호두까기인형
2막 3장으로 구성된 발레극이다. 1892년 스트페테르부르크의 마린스키 극장에서 초연되었다. 소녀 클라라가 크리스마스에 호두까기인형을 선물로 받았는데 그 인형이 꿈속에서 쥐의 대군을 퇴치하고 아름다운 왕자로 변하여 클라라를 과자의 나라로 안내한다는 환상적인 이야기이다. 1934년 영국의 로열발레단에 의해 상연된 후 현재까지 유럽 전역에서 지속적인 사랑을 받으며 인기리에 상연되고 있다.

🔶 〈호두까기인형〉 중 눈의 요정. 유니버설발레단.

은, "아빠 저 사람들 왜 저래?"라고 했고, 큰아이는 유식하게도 "'투르 앙 레르(공중회전을 뜻하는 발레 용어)'가 엉망이잖아?"라고 말했습니다. 무대에서 무용수들은 아예 동작을 멈추고 감독만 쳐다보고 있었습니다. 그들 중 몇몇은 제자리에 서있지도 못했고, 어색한 몸짓을 계속하고 있었습니다. 무용수들은 계속 당황해 했고 관객들은 야유를 보내기 시작했습니다. 대체 어찌된 일일까요?

이상한 일은 프로 야구 경기에서도 일어났습니다. 삼성과 현대의 2연전 게임이었습니다. 현대 팀의 투수가 공을 던졌는데, 공이 투수의 손을 떠나자마자 '툭' 하고 땅 위로 떨어지고 마는 것이 아닌가요? 몇 번 반복했지만 공은 포수의 미트까지 가지 못했습니다. 흥분한 관객들은 "이거 장난치나?"라고 큰소리로 외치며 손에 들고 있던 것들을 구장 안으로 마구 던졌습니다. 그러나 아무리 힘을 줘 던져도 구장 안으로 가기는커녕 손끝에서 밑으로 떨어지고 말았습니다. 사람들은 화가 났지만 지금 일어나고 있는 일에 대해 당혹감을 감출 수가 없었습니다.

여기는 이라크입니다. 미군과 이라크인들의 총격전이 벌어지고 있습니다. 수세에 몰리던 미군이 아파치 헬기에 도움을 요청했습니다. 잠시 후에 '드드드드…' 아파치 헬기가 사나운 모습으로 나타났습니다. 헬기에서 기총 사격을 시작했습니다. 파괴력이 일반 총기보다 훨씬 강력한 탄알이 이라크인들을 향해 날아갔습니다. 꼼짝없이 죽었다고 생각한 이라크인들은 눈을 질끈 감고 알라신만 외쳤습니다. 그런데 이것이 웬일입니까? 헬기에서 발사된 총알이 분명히 몸에 맞는데도

🔶 아파치 헬기

죽지 않고 살아 있는 것이 아닙니까? 총알은 몸이나 벽돌에 부딪히자 힘없이 툭툭 떨어지고 있을 뿐이었습니다.

비슷한 일은 지구 반대편 남아메리카의 아마존 강 열대 우림 지역에서도 일어나고 있었습니다. 밀렵꾼들이 국제 보호 동물로 지정된 아메리카맥을 뒤쫓고 있었습니다. **맥**은 더 이상 도망갈 곳이 없자 새끼들을 보호하기 위해 사냥꾼들을 향해 돌진했습니다. 밀렵꾼은 틈을 주지 않고 방아쇠를 당겼습니다. 그러나 맥은 죽지 않았습니다. 밀렵꾼의 총에서 나온 총알이 맥의 피부에 부딪힌 후 땅에 떨어지기만 했기 때문입니다. 밀렵꾼들은 화가 난 어미 맥을 피해 뒤로 슬금슬금 물러서다 '걸음아 나 살려라!'하며 도망쳤습니다. 어미 맥은 새끼들을 챙기고는 유유히 밀림으로 사라졌습니다.

그 외에도 이상한 일들이 여기저기에서 많이 일어났습니다. 방송에서는 국민들에게 원인이 밝혀질 때까지 바깥출입을 삼가고 집에 조용히 있으라는 정부의 경고 방송만 계속 내보내고 있었습니다. 종교계에서는 이 일들이 모두 '신의

여기서 잠깐!

살아있는 화석 '맥'

맥은 몸길이 180~250 cm, 몸무게 225~300 kg, 꼬리 길이 7~120 cm 크기의 동물이다. 코와 윗입술이 길게 자란 모양이 코끼리의 조상을 연상하게 하는 등, 그 모습이 불완전하게 느껴져 원주민 사이에서는 창조주가 동물을 만들다가 남은 부분을 모두 모아서 이 동물을 만들었다는 전설이 전해 내려온다. 삼림에 서식하며 주로 밤에 활동한다. 국제보호동물로 지정되어 있다. 인류가 지구 상에 존재하기 전부터 있던 동물로, 진화를 하지 않은 동물이어서 학자들은 '살아있는 화석'이라고 부르기도 한다.

내 이름은 맥. 이상하게 생겼나요?

노여움'에 의한 것이라며, 인류가 회개하지 않으면 이와 같은 일들이 계속해서 일어날 것이라고 심각하게 말했습니다. 그러나 정작 이 사실의 원인을 밝혀야 할 과학자들은 입을 다물고 있었습니다. 왜냐하면 그 원인을 말하게 되면 지금까지 자신들이 쌓아왔던 모든 과학 이론들이 근본부터 허물어지기 때문이었습니다.

여기서 잠깐, 발레리나의 춤을 망치고, 야구와 축구 경기를 중지시키고, 총알의 위력을 없앤 일들은 사실 모두 꾸며낸 이야기입니다. 여러분 표현을 빌리면 '뻥'이지요. '관성'을 설명하기 위해 여러분의 호기심을 유혹한 것인데, 어때요 그럴 듯 했나요? 자, 말도 안 되는 이야기라 생각하지 말고 관심을 가지고 계속 읽어보세요. 잠시 후면 과학적 내공이 자신도 모르게 높아질 것입니다.

17세기 말, 과학자 **뉴턴**은 우주와 지구에서 일어나는 물체의 운동에 관한 기본 법칙을 발견했습니다. 오늘날 우리는 이를 운동 법칙이라고 부르고 있고, 이것은 물리학의 근간을 이루고 있습니다. 그 중 첫 번째 법칙이 '관성의 법칙'인데, 관성이란 물체가 자신의 운동 상태를 유지하려고 하는 성질입니다. 움직이려는 물체는 계속 움직이려고 하고, 정지해 있는 물체는 계속 정지해 있으려고 하는 성질입니다. 버스가 갑자기 출발할 때 몸이 뒤로 쏠리는 현상이나, 버스가 정지할 때 몸이 앞으로 쏠리는 현상이 관성에 의한 것입니다. 그러므로 관성은 물체의 운동이 가지는 매우 중요한 성질이며, 관성이 없어지면 우리는 당장 큰 혼란에 빠지게 됩니다. 물론 관성 하나만 가지고 단순하게 운동을 설명할 수는 없으나, 우리는 우선 관성이 없어지면 어떤 일이 생기는지만 알아보도록 하겠습니다.

✪ **뉴턴(1642~1727)** 영국 출생의 과학자로 수학에서 미적분법을 창시했고, 물리학에서 고전 역학의 체계를 확립하여 과학 혁명을 완성했다. 그의 역학적 자연관은 모든 분야에 큰 영향을 끼쳤다.

우리는 우주 미아가 될 것이다

깊은 산사에서 조용히 수도를 하고 있는 도인도 실제로 우주의 관점에서 보면 매우 빠르고 복잡한 운동을 하고 있습니다. 다만 지구의 중력과 관성 때문에 도인의 수도가 매우 조용하게 느껴질 뿐이지요. 그렇다면 도인은 실제로 어떤 운동을 하고 있는 것일까요? 이를 알아보기 위해서 지구의 운동을 간단히 알아보겠습니다.

지구는 1초에 460m의 속도(소리 속도의 1.4배)로 자전하고 있고, 1초에 29,320m의 속도(소리 속도의 86배)로 공전하고 있습니다. 또한 지구는 우리 은하의 중심을 태양과 함께 1초에 237,000m의 속도로 공전하고 있기도 합니다. 여기에 우리 은하의 팽창 속도를 감안하면 지구의 운동은 우리가 상상하는 것보다 훨씬 복잡하고 빠릅니다. 우리는 이렇게 빠르게 움직이고 있는 지구 위에 중력으로 매여 있습니다. 그리고 관성에 의해 같은 속도로 움직이고 있습니다.

그런데 관성이 사라진다면 어떻게 될까요? 명상을 하던 도인은 지구의 운동과는 상관없는 독립된 운동을 하게 되겠지요. 요람에서 곤히 자고 있는 아기, 조그만 돌멩이, 공기 입자들 모두 따로 운동을 할 것입니다. 이로 인해 우리는 매일 초속 수백 미터의 폭풍 속에서 살아야 하는 운명에 처하게 됩니다. 지구는 자전하고 있는데, 지구의 대기가 관성을 잃어 함께 자전을 하지 않기 때문이지요.(물론 관성이 없다면 지구도 이미 자전을 멈추었을 것입니다.) 태양은 우리 은하를 중심으로 중력에 이끌리어 회전을 하는데, 관성에 의해 일정한 궤도를 유지하고 있습니다. 따라서 관성이 없으면 태양도 우주의 미아가 될 것입니다. 미아가 된 지구나 태양의 운동은 앞으로 어떻게 될지 예측하기 힘들겠지요.

🔴 멋진 낙하 장면. 관성이 없어지면
추락 사고로 인한 부상이 없어 모두들
그냥 뛰어 내리려 할 것이다.

우리 모두 용감한 슈퍼맨이 될 것이다

관성이 없어지면 사람은 아무리 높은 곳에서 떨어져도
크게 다치지 않습니다. 높은 건물을 짓는 공사장에서 실수
로 떨어져도, 바위산을 올라갈 때 줄이 끊어져 떨어져도, 비
행기에서 낙하산을 타고 떨어질 때 낙하산이 펴지지 않아도
사람들이 지상에 부딪혀 죽는 일은 없을 것입니다.

추락 사고라고 하는 것은 높은 곳에서 떨어진 사람이 지
상에 부딪혀 뼈나 내장 기관의 파열로 다치거나 사망하는
것을 말하는데, 이 또한 관성이 있기 때문에 생기는 일입니
다. 관성이 없다면 몸이 지상에 부딪혀도 뼈나 근육, 몸속의
내장 기관이 쏠리지 않고 그대로 멈추게 되므로 큰 상처를
입지 않게 되는 것이지요.

이런 사실을 경험하게 된 사람들은 높은 곳에서 떨어져
도 여유 있게 두세 번 회전한 후 슈퍼맨처럼 당당하게 설 수
있을 것입니다. 아파트에서 투신 자살하려는 사람도 없을
것이고, 험한 산을 오를 때도 줄을 매는 사람이 없을 것입니
다. 낙하산을 타지 않고 스카이다이빙을 할 수 있기 때문에
새로운 레포츠가 등장할 수도 있을 것 같네요. 물론 **고소 공
포증**에 시달리는 사람도 점차 사라지겠지요.

고소 공포증
높은 곳에 올라가면 불안과 공포를
느끼며 추락할 것 같은 두려움과 함
께 자기도 모르게 뛰어내릴 것 같은
불안으로 공포 상태에 이르는 노이
로제(신경병)이다.

자동차 보험 회사가 문을 닫는다

고속도로에서 엄청난 속도로 달리던 차들이 서로 부딪쳐
도 자동차나 그 안에 타고 있던 사람들이 피해를 입지 않을
것입니다. 관성이 없다면 부딪치는 순간 그 자리에서 바로
서기 때문이지요.

안전벨트를 매지 않아도 앞 유리를 뚫고 나가는 사람은
없을 것입니다. 빠른 속도로 달리던 5톤 트럭이 어린아이와

부딪쳐도 쏠림 없이 바로 그 자리에 설 수 있게 됩니다. 접촉 사고 후 흔히 볼 수 있는 시빗거리가 없어지게 되므로 교통경찰 아저씨들이 매우 심심해질 거예요.

그러니 누가 자동차 보험을 들려고 하겠어요? 자동차 보험이나 상해 보험 회사 등은 일찌감치 폐업 신고를 해야할 것입니다. 혹시 이 글을 읽는 사람들 중에 보험 회사에 취직하려고 뜻을 둔 사람이 있다면 생각을 달리하게 되겠네요. 그리고 안전벨트 제작회사, 에어백을 개발하는 연구소 등에서 일하는 사람들은 모두 다른 직업을 찾아 나서야 할 겁니다. 뿐만 아니라 자동차의 수명이 아주 길어지게 되므로 자동차 회사는 경영난에 허덕이게 되겠지요.

먼지를 털 수 없다

우리가 옷을 툭툭 치면 먼지는 밑으로 떨어집니다. 그런데 관성이 없어지면 먼지는 옷에 그대로 붙어있게 됩니다. 따라서 먼지는 접착 테이프로만 제거할 수 있을 것입니다.

안전벨트의 필요성

달리던 자동차가 다른 물체와 충돌했을 때 충격력은 속도의 제곱에 비례한다. 시속 50km로 달리는 자동차가 받는 충격력(관성력)은 탑승자 체중의 30~50배나 되는 운동 가속도가 작용하므로 안전벨트를 매지 않은 경우에는 핸들이나 유리창에 부딪히거나 유리창 밖으로 튕겨 나가 큰 사고를 당한다. 그러나 안전벨트를 착용했다면 시속 40~50km 속도라도 중상자가 거의 발생하지 않는다고 한다.

여기서 잠깐!

우리나라 교통사고

잘아는 사람 중에 3년 전에 하나뿐인 아들을 교통사고로 잃은 후 심한 우울증을 얻어, 직장도 그만두고 집에서 폐인처럼 지내는 사람이 있다. 그는 "아들을 잃은 후부터는 세상이 달리 보이기 시작했다."며 "길가에서 노는 아이들만 봐도 깜짝깜짝 놀란다."고 말했다.

지난해(2003년) 우리나라에서 교통사고로 세상을 떠난 사람의 수는 모두 7,185명이다. 하루에 약 20명꼴로 길거리에서 생명을 잃었다. 그리고 사망 사고는 아니지만 평균적으로 하루에 1,000명 정도가 교통사고를 당한다고 한다.

끔찍한 교통 사고

모두 정신 나간 사람처럼 움직일 것이다

관성이 없다면 자신의 운동 상태를 유지할 수 없으므로 자기 몸을 쉽게 통제할 수 없게 됩니다. 자신의 손이나 팔, 발 등이 제멋대로 움직일 것이고, 그러면 우리들은 마치 정신 나간 사람들처럼 움직이게 되겠지요.

전쟁을 할 수 없다

지구는 진공 상태가 아니므로, 화살, 총알, 대포알 그리고 미사일 등은 발사되는 순간 공기의 저항 때문에 멈춰 떨어질 것입니다. 그러므로 전쟁은 할 수 없게 되지요. 관성이 없어지면 좋은 일도 생기네요.

자전거나 인라인 스케이트 타는 재미가 없다

학교나 학원 갈 때, 자전거나 인라인 스케이트를 이용하는 친구들이 많습니다. 물론 선생님들께 혼나기도 하지만요. 자전거는 열심히 페달을 밟아서 앞으로 나아가는데, 어느 정도 속도가 붙으면 그냥 있어도 앞으로 가는 게 정상입니다. 이것은 자전거가 계속 앞으로 나아가려는 관성을 가지고 있기 때문입니다. 그러나 관성이 없으면 계속 페달을 밟아야 합니다. 그냥 걸어가는 것과 별반 다르지 않게 되는 것입니다. 자전거나 인라인 스케이트를 탈 마음이 없어질 것 같네요.

사람이 지구를 멈출 수 있다

관성은 물체의 질량과 관계가 깊습니다. 그래서 관성 질량이라는 말을 쓰기도 합니다. 관성이 없다는 말은 관성이 0이라는 말인데, 질량이 0인 것처럼 물체가 움직인다는 뜻이기도 합니다.

이렇게 된다면 정말 말도 안 되는 일이 일어날 수 있습니다. 한 사람의 힘으로 지구의 자전을 멈출 수도 있고, 공전도 멈출 수 있습니다. 그렇다면 우주도 멈출 수 있지 않을까요?

물질 세계가 분해될 것이다

제일 심각한 문제가 남아 있습니다. 분자와 원자 세계에서의 일인데, 미시 세계인 **원자의 세계**에도 관성의 법칙이 적용됩니다. 관성이 없어지면 원자핵을 중심으로 돌고 있는 전자가 멋대로 튕겨 나갈 수 있습니다. 그렇게 되면 이것은 진짜 큰 일입니다. 물질 세계가 무너지는 일이 되니까요.

원자 수준의 물질 세계가 무너지게 되면 우주를 이루고 있는 모든 물질들이 제 특성을 잃게 됩니다. 예를 들어 태양을 이루는 수소가 제 성질을 잃어 핵융합을 하지 못하게 되고, 물, 세포, 별, 태양 등 모든 물질 세계가 분해되고 우주 생성 당시의 태초의 상태로 존재하게 될 것입니다. 그 세계

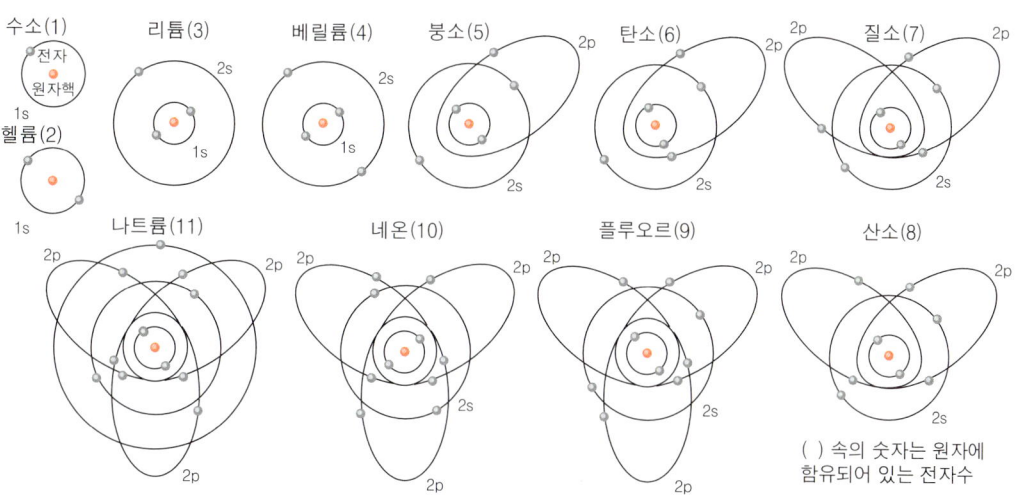

◐ 여러 종류의 원자들의 모형. 원자 세계는 기본적으로 가운데에 원자핵과 주변의 궤도를 도는 전자로 이루어져 있다.

에서는 별도, 인간도, 동물도, 식물도 존재하지 못합니다. 즉, 앞에서 상상했던 모든 상황은 발생할 수도 없는 가장 끔찍한 상황이 발생하는 것입니다. 참으로 우리를 둘러싼 우주는 인간의 짧은 생각으로는 가늠할 수 없는 오묘한 곳임을 다시 한 번 느낍니다.

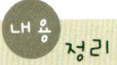

관성

관성이란 물체가 가지고 있는 불가사의한 성질이다. 지난 약 50억 년 동안 지구는 태양 주위를 돌고, 달은 지구 주위를 계속 돌고 있는데, 아직도 정지하려는 기미가 보이지 않는다. 그 이유는 관성이라는 성질 때문이다. 관성이란 이처럼 질량이 있는 물체가 정지하고 있을 때는 계속 정지해 있으려고 하고, 운동하고 있을 때는 그 운동을 지속하려는 성질이다.

관성의 법칙(뉴턴의 운동 제1법칙)

물체에 외부의 힘이 작용하지 않거나, 또는 작용하는 힘의 합력이 0이 되면 정지해 있는 물체는 계속 정지해 있고, 운동하는 물체는 계속 등속도 운동을 한다는 법칙이다.

지구 최후의 날

지구가 다른 물체와 충돌하면 어떻게 될까?

2002년 9월 3일 미국의 아마추어 천문가가 정체를 알 수 없는 천체를 하나 발견했는데, 그 천체의 크기는 20~30 m이고, 1분에 한 번씩 자전하는 것으로 추정되었습니다. 그는 이 천체를 국제천문연맹 소행성 센터(MPC)에 보고했습니다. 보고를 받은 소행성 센터에서는 난리가 났습니다. 어떤 이들은 그 천체가 외계인이 조종하는 우주선일 가능성이 높다고 주장하기도 했습니다. 하지만 스펙트럼 분석 결과, 그 천체의 일부 성분이 30년 전 아폴로 로켓에 사용했던 페인트 성분임을 알게 되었고, 이후 아폴로 12호의 3단 로켓임이 밝혀졌습니다.

지구의 하늘에는 생각보다 많은 것들이 떠돌아다니고 있습니다. 유성, 혜성, 그리고 앞에서 말한 인간이 배출한 잡다한 쓰레기들이 그것들이지요. 그런데 문제는 그것들이 지구와 충돌했을 때 큰 문제가 된다는 것입니다.

최근, 지구 충돌을 소재로 한 영화나 SF 소설들이 사람들의 관심을 많이 끌었습니다. 대표적인 영화로 〈아마겟돈〉이나 〈딥 임팩트〉를 들 수 있습니다. 둘 다 비슷한 소재를 다룬 영화이지만 결과에는 차이가 있습니다. 〈아마겟돈〉에서는 목숨을 바친 주인공의 임무 완성으로 소행성이 지구를 벗어나 지구는 최악의 사태를 피할 수 있게 됩니다. 그러나 〈딥 임팩트〉에서는 두 개로 나누어진 혜성 중 큰 조각만 제

⬆ 아폴로 12호의 달 착륙 장면

Click!

지구접근천체연구실
http://www.kao.re.kr/%7Eneopat
/nr03-3-1.htm

거하는 데 성공하여, 작은 조각은 그대로 지구에 떨어져 엄청난 재앙을 맞이합니다. 물론 방공호에 대피한 주인공들이 일부 살아남아 지구를 다시 복구하는 장면으로 끝이 납니다.

그러면 소행성이나 혜성 등의 외계 천체들이 지구에 충돌했을 때의 피해는 어느 정도일까요? 과거의 역사를 돌이켜보면 알 수 있을 것입니다.

대표적으로 약 6500만 년 전, 지름 10km 정도의 **소행성**이 북미 지역의 유카탄 반도 근처에 충돌하여 지구 생명체의 절반 이상을 소멸시켰다고 합니다. 이때는 당시 생태계를 지배했던 공룡이 멸종했던 시기이기도 합니다. 가까운 예로는 1908년 6월 30일 중앙 시베리아의 퉁구스카 지역 10km 상공에서 발생한 대폭발이 있습니다. 지름이 약 50m 크기의 작은 소행성에 의한 폭발이었는데, 폭발로 발생한 충격파는 제주도 면적에 해당하는 넓은 지역의 삼림을 불태웠고, 엄청난 피해를 가져왔습니다.

그러면, 지구가 혜성이나 소행성 등 외계 천체와 충돌하면 어떤 일이 일어나는지 알아볼까요?

✳ *Click!*

소행성
http://yvjeon.com.ne.kr/sohaeng.html

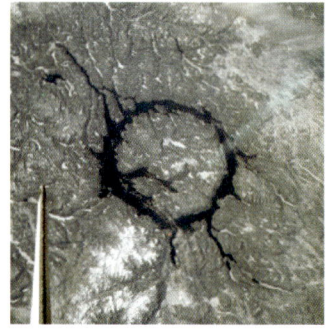

⬡ 인공위성 랜드셋 7호가 촬영한 미 애리조나 주 배링거 운석구(왼쪽)와 우주 왕복선에서 촬영한 캐나다 마니코건 운석구(오른쪽)

충돌 전부터 강력한 충격파로 큰 피해를 본다

소행성이 지구에 들어올 때의 속력은 15km/초~30km/초, 혜성은 75km/초에 이릅니다. 총알의 속력이 대략 1km/초라고 하는데, 이와 비교해보아도 소행성은 15배~30배, 혜성은 75배 정도 빠르니 얼마나 빠른 속력으로 들어오는가를 알 수 있겠지요. 제트 비행기가 음속을 돌파할 때는 엄청난 소리와 함께 충격파가 발생하는데, 이보다 수십 배 더 빠른 소행성이나 혜성은 대기권에 진입할 때 우리가 상상할 수도 없는 강력한 충격파를 발생시킵니다. 그 결과 소행성이나 혜성 등의 천체 자체는 물론, 주변 대기가 매우 높은 온도로 가열되며, 스스로 파괴되거나 고체 상태의 가스가 포함된 경우 기화를 일으키기도 합니다. 이때 발생하는 충격파는 압력의 급격한 변화를 동반하기 때문에 강력한 폭풍을 발생시키며, 이때 바람에 실려 날아가는 물질로 인해 광범위한 지역이 큰 피해를 입습니다.

과학자들의 계산에 의하면 지름이 1.6km인 소행성이 지구에 충돌하는 경우에는 히로시마에 투하된 원자 폭탄의 200만 배 위력에 이르는 충격파를 발생시킬 것으로 알려졌습니다. 히로시마에 떨어진 원자 폭탄 한 개로 인한 피해가 아직까지도 인류를 괴롭히고 있는데, 이의 200만 배에 해당하는 피해가 예상된다니, 인류는 그 피해를 감당할 수 없을 것입니다.

또 엄청난 해일로 해안 도시는 모두 씻겨 나가게 됩니다. 지구 표면은 2/3가 바다로 이루어져 있기 때문에 소행성이나 혜성 등은 바다에 떨어질 확률이 더 높습니다. 바다에 떨어지면 그 피해가 육지에 떨어지

◐ 히로시마 원자 폭탄 피해를 입은 사람의 모습(위)과 폐허가 된 도시(아래)

🔶 1995년 7월에 발생한 칠레의 쓰나미가 퍼져나가는 모습을 인공위성으로 찍은 모습

는 것보다는 조금 줄겠지만, 꼭 그렇게 된다고 생각할 수만은 없습니다. 왜냐하면 소행성이나 혜성 등이 바다 속 깊은 곳에 충돌할 경우, 바다 밑에 매우 큰 운석 구덩이를 만들게 되고, 그 구덩이로 바닷물이 밀려들면서 쓰나미(tsunami)라고 부르는 초대형 해일을 발생시키기 때문입니다.

이 해일은 비행기 속력으로 사방으로 퍼져 나가는데, 그 피해는 상상을 초월합니다. 빠른 시간 내에 해일이 덮치는 해안가는 순식간에, 그것도 굉장한 위력으로 밀려온 바닷물로 인해 모든 것이 쓸어나가 버릴 것입니다.

390일 동안 충돌 핵겨울이 지속된다

기상 학자들의 말에 따르면, 소행성 등이 지구와 충돌하면 엄청난 먼지 구름이 대기권을 덮으면서 태양을 가리는 '충돌 핵겨울'이 약 390일 정도 지속된다고 합니다. 이때 초대형 쓰나미에 의해 어마어마한 양의 바닷물이 대기 중에 뿌려질 경우 그을음과 먼지가 **응결핵** 역할을 하여 바닷물은 곧 얼음으로 변하게 되는데, 이후 '**핵겨울**'과 같은 기후가 이어진다고 합니다.

핵겨울이란, 핵 폭탄의 폭발로 발생한 폭풍으로 인해 지상의 토지 등이 대량의 먼지가 되어 하늘로 치솟아 햇빛을 막아버리고, 그 결과 전 지구적으로 기온이 내려가는 현상을 말합니다. 그렇게 되면 빙하의 양이 증가하고, 빙하는 지구에 들어오는 햇빛을 그대로 다시 내보내게 되므로, 지구의 기온 강하는 연쇄 반응을 일으켜 지구의 기온을 더욱 낮

응결핵

대기 중에서 수증기가 응결하여 구름이 만들어질 때 중심이 되는 고체나 액체의 작은 알갱이를 말하는데, 먼지나 아주 작은 소금 입자 등이 그 예이다.

추는 일을 하게 됩니다. 이것은 식물의 멸종과 먹이 사슬의 파괴로 이어지므로 지구 생태계 전체가 파괴됩니다. 1년 이상의 긴 겨울이 전 지구적으로 닥칠 경우 지구상의 모든 생명체는 대부분 얼어죽게 되겠지요. 인류도 예외일 수는 없을 것입니다.

자외선의 봄이 이어진다

충돌 직후 대기 중에는 다양한 화학 반응이 일어납니다. 순간적인 고온 때문에 질소, 산소가 연소되어 각종 질소 산화물을 만들어내는 반응이 일어나는데, 이들 질소 산화물은 산성비를 형성하고 오존층을 파괴합니다. 이로 인해 태양 자외선으로부터 생명을 보호해주던 오존층에 큰 구멍이 나고, 유해한 자외선의 양이 평소의 2배 이상이 되는 '자외선의 봄'이 오게 됩니다. 이런 현상은 충돌 후 600일 정도 지속될 것이라고 과학자들은 추정합니다. 이 또한 대규모의 파괴적인 생태계 변화를 초래합니다. 가까스로 '충돌 핵겨울'을 이겨낸 지구 생명체들에게는 강력한 자외선으로 인한

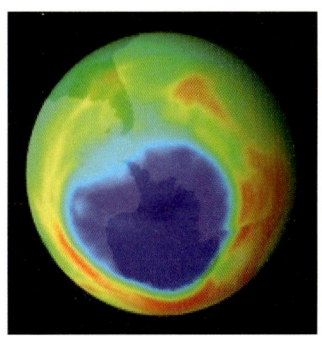

◯ **남극 상공의 오존 구멍** 대기 성층권에 분포된 오존층에 구멍이 뚫린 모습이다. 지구가 충돌하게 되면 이 구멍이 전 지구적으로 확대되는 '자외선의 봄'이 발생한다.

여기서 잠깐!

핵겨울

'**핵** 겨울'이라는 용어는 미국의 천문학자 칼 세이건 등이 활동하고 있는 미국의 과학자 단체가 1983년에 발표한 논문에서 처음 사용되었다. 당시 논문에서 과학자들은 미국과 소련이 전면 전쟁을 시작하여 보유한 1만 Mt의 핵무기를 전부 발사하면 60일 후에는 북반구의 중위도 지방이 북극과 같은 −45℃의 기온으로 내려가게 되어 인류는 멸종 위기에 직면하게 된다고 경고하였다. 이러한 상태에서 정상 기온으로 되돌아가려면 1년 이상이 걸리게 된다고 했는데, 이러한 현상은 핵전쟁을 그린 미국의 텔레비전 영화 〈그 날 이후〉에 자세하게 묘사되어 핵전쟁의 공포를 실감하게 하였다.

핵 겨울을 묘사한 그림

DNA 손상이 평소보다 1,000배 증가하여 돌연변이와 암, 백내장 등을 일으키는 것은 물론, 먹이 사슬의 기초인 식물의 광합성을 방해하여 전체 생태계에 치명적인 영향을 주게 됩니다.

강력한 전자장 펄스가 일어난다

핵 실험의 결과 폭발 지점으로부터 약 3,000km 떨어진 곳의 대기 상공에서도 이온층의 교란이 일어난 것으로 관측되었습니다. 소행성이나 혜성 등의 충돌이 일어날 때에는 그보다 훨씬 큰 에너지로 인해 매우 강력한 전자기 효과, 즉 전자장 펄스가 발생하게 됩니다.

전자장 펄스는 지구 전체에 전자기 교란을 일으켜 전력 공급의 중단, 전파 통신의 교란 등을 통해 전자 제어 장치로 움직이는 도시의 모든 시설을 마비시킵니다. 현대 문명이 컴퓨터의 통제로 이루어지는 것을 감안할 때 강력한 전자기 교란은 컴퓨터의 운영을 마비시키므로 그 후의 혼란은 예측하기 어려울 정도라고 할 수 있습니다.

앞에서 말한 피해는 전 인류의 생사가 걸린 문제이므로, 많은 과학자들이 지구의 충돌을 피하기 위해 노력하고 있습니다. 그러나 소행성이나 혜성 등이 지구 가까이 오는 것은 쉽게 막을 수 있는 일이 아닙니다. 그래서 과학자들은 외계 천체들의 접근을 막기 위해 다양한 연구를 하였는데, 그 결과 영화에 나오는 것처럼 소행성이나 혜성을 파괴하는 것보다는 그 천체들의 궤도를 바꾸는 것이 효과적이라는 결론에 도달했습니다. 외계 천체들을 파괴했을 경우에는 오히려 수천 개의 작은 천체들이 지구로 쏟아지게 되고 그 피해도 막대하기 때문이지요.

그러면 어떻게 궤도를 바꿀 수 있을까요? 미국 항공우주국(NASA) 주최로 열리는 소행성 충돌 방지에 관한 회의에서 다음의 세 가지 방법이 제시되었습니다. 소행성에 원자력 엔진 달기, 태양 돛 달기, 핵무기 폭발로 밀어내기 등입니다.

　'원자력 엔진 달기'는 로켓에 원자력 엔진을 실어 소행성으로 보낸 뒤 이 엔진을 소행성에 고정시키고 점화하여 소행성을 원래 궤도에서 밀어내는 방법입니다. '태양 돛 달기'는 돛 형태의 초대형 특수장치를 단 위성을 소행성에 보내 고정시킨 뒤 태양 빛의 힘으로 소행성을 궤도에서 밀어낸다는 방안입니다. 그리고 '핵무기 폭발로 밀어내기'는 가장 직접적인 궤도 바꾸기 방안으로, 핵무기를 쏘아 올려 소행성과 일정한 거리를 두고 폭발시켜 그 충격파로 소행성을 지구와의 충돌 코스로부터 벗어나게 한다는 것입니다. 그러나 일부 과학자들은 "소행성의 궤도가 바뀔 경우 우주의 질서가 무너져 새로운 위험에 직면할 수도 있다."고 하며 반대하고 있습니다. 어찌 되었거나 이런 일이 일어나지 않기를 바랄 뿐입니다.

1. 소행성 충돌

태양계 내의 소행성들은 화성과 목성 사이에 집중적으로 분포하는데, 다른 행성들처럼 태양을 중심으로 공전한다. 이때 다른 소행성과의 충돌로 궤도를 이탈하는 소행성들이 아주 희박한 확률이지만 지구와 충돌할 가능성이 충분히 있다.

가장 최근의 소행성 충돌은 1908년 6월 30일 아침에 일어난 시베리아 퉁구스카의 대폭발이다. 폭발의 충격으로 서울 면적의 3배가 넘는 숲이 파괴되었고, 전 세계의 밤이 며칠 동안 밝게 빛났다. 퉁구스카의 폭발은 운석공과 파편들을 남기지 않아 UFO의 폭발로 오해받기도 했다. 그러나 퉁구스카에 떨어진 것은 거대한 얼음덩이였고, 공기의 압력으로 인해 지상 8km 높이에서 폭발했기 때문에 운석공과 파편들이 남지 않았다는 것이 지배적인 설명이다.

2. 혜성 충돌

태양계에는 태양을 중심으로 타원 운동을 하는 혜성들이 존재한다. 혜성들도 희박한 확률이지만 지구와 충돌할 가능성을 갖고 있다. 1994년 7월에는 목성의 인력에 포획되어 21개의 핵으로 분리된 슈메이커-레비 혜성이 6일간에 걸쳐 목성과 충돌하며 지구 크기만 한 거대한 흔적을 남겼다. 만약 슈메이커-레비와 비슷한 크기의 혜성이 지구에 떨어졌다면 인류는 물론 거의 모든 동식물이 멸종했을 것이다.

멈춰버린 지구

지구가 자전을 멈추면 어떻게 될까?

우리가 살고 있는 지구는 하루에 한 바퀴씩 스스로 돌고 있는데, 이를 **자전**이라고 합니다. 자전 속력은 우리가 생각하는 것보다 훨씬 빠릅니다. 하지만 우리는 평소에 지구가 얼마나 빨리 돌고 있는지 느끼지 못합니다. 지구가 얼마나 빨리 돌고 있는지 알아볼까요? 그리고 지구가 자전을 하지 않으면 어떻게 되는지 알아봅시다.

빠르기(속력)는 움직인 거리를 시간으로 나눈 값입니다. 예를 들어, 철수가 100 m를 10초 만에 달렸다면 철수의 빠르기는 100 m ÷ 10초 = 10 m/초가 되지요. 철수는 1초에 10 m를 달리는 빠르기를 가진 것입니다. 이 빠르기라면 철수는 올림픽 금메달 감입니다.

같은 방법으로 지구의 자전 속력을 구해봅시다. 지구의

Click!

지구의 자전
http://sciencenote.com /earthscience /earth311.htm

내가 젤 빠르지!

둘레는 적도 지방을 기준으로 할 때 약 40,000 km입니다. 지구는 하루, 즉 24시간 만에 이 거리를 한 바퀴로 하여 돕니다. 그러므로 지구의 빠르기는 '40,000 km÷24시간 = 1,670 km/시'입니다. 지구는 한 시간에 1,670 km의 거리를 돌고 있는 셈이지요. 이 빠르기는 고속철도의 5배, 점보 비행기의 2배, 소리 속도의 1.5배 빠른 것입니다. 어때요, 지구는 엄청나게 빠르게 돌고 있지요? 갑자기 하늘이 빙빙 돌고 어지러워지지 않나요? 그런데 말이지요. 46억 년 동안 하루도 빠짐없이 성실하게 자전을 하던 지구가 어느 날 갑자기 "나 이제 그만 돌래!" 하고 멈추어 선다면 어떻게 될까요?

빠르게 달리던 자동차가 갑자기 충돌하면, 안전 벨트를 하지 않은 사람들은 모두 앞으로 튕겨나가 큰 부상을 당합니다. 그리고, 버스가 갑자기 멈출 때도 우리는 앞으로 나아가려는 힘을 느낄 수 있습니다. 이처럼 빠르게 달리던 것이 갑자기 멈추면 모두 달리던 방향으로 계속 나아가려는 힘을 받게 됩니다.

지구처럼 엄청난 빠르기로 돌던 것이 갑자기 멈춘다면, 지구 위에 있는 모든 물체는 지구의 자전 방향인 동쪽으로 튕겨나가겠네요(지구는 서쪽에서 동쪽으로 자전하고 있습니다). 아, 이를 어쩌나요. 나의 사랑하는 가족들, 친구들, 그리고 책상, 의자, 집 등등 모두 동쪽 하늘로 튕겨나가서 우주 멀리 날아간다면⋯. 이런 일이 진짜로 일어난다면 지구는 그 날로 지옥과 같은 상황이 되겠지요.

지구가 갑자기 자전을 멈춘다면 과연 어떤 일이 벌어질까요? 앞에서 생각한 것처럼 정말 우리 모두가 지구 밖으로 튕겨나갈까요?

영국의 과학자 뉴턴은 사과나무 아래에서 사과가 아래로 떨어지는 것을 보고 **만유인력**을 발견했답니다. 그는 만유인력이란 모든 물체가 서로 잡아당기는 힘이라고 했습니다. 지구도 만유인력을 가지고 있지요.

한편, 회전하는 물체는 **원심력**이라는 힘을 가집니다. 양팔을 벌리고 빙글빙글 제자리에서 돌면 손끝에서 바깥으로 나아가려는 힘을 느낄 수 있는데, 그 힘이 바로 원심력입니다. 지구도 자전을 하고 있기 때문에 바깥으로 나가려는 원심력을 받습니다. 이렇게 지구의 자전에는 만유인력과 원심력이라는 두 힘이 작용하는데, 이 두 힘의 차이만큼 중력이라는 힘이 생깁니다. 이 중력 때문에 우리가 땅 위에서 달리기를 할 수 있고, 축구를 할 수 있고, 공부를 할 수 있는 것입니다.

지구가 자전을 하지 않는다고 할 때, 앞에서 말한 두 힘 중 원심력은 작용하지 않습니다. 그렇지만 만유인력은 질량과 거리에 따라서만 변하는 힘이기 때문에 지구가 자전을 하든 하지 않든 여전히 작용합니다. 그러므로 지구가 갑자기 자전을 멈춘다면 원심력이 없어지는 효과 때문에 자전 방향인 동쪽 방향으로 쏠리기는 하겠지만, 그 힘은 만유인력에 비해 무척 작답니다. 지구에 사는 우리들에게는 큰 영향을 끼치지 못하지요. 과학자들의 계산에 의하면, 200 kg의 돼지는 6.8N의 쏠리는 힘을 받는데, 이 힘은 돼지가 지구로부터 받는 만유인력의 0.4% 정도밖에 되지 않는다고 해요.

만유인력과 원심력
만유인력이란, 우주의 천체의 운동을 지배하는 가장 중요한 힘으로 모든 물체 사이에서 작용한다. 1665년 뉴턴이 발견했다. 원심력은 원운동을 하고 있는 물체에 나타나는 관성으로 구심력과 반대 방향을 가진다.

N(뉴턴)
힘의 단위. 질량 1kg의 물체에 작용하여 매초 1m의 가속도를 생기게 하는 힘.

돼지는 순간적으로 쏠리는 듯하다가 그보다 더 큰 중력의 영향을 받기 때문에 아무 일이 없었다는 듯이 그냥 땅 위에서 꿀꿀거리며 먹이를 먹게 되겠지요.

휴, 다행이라는 생각이 드나요? 지구가 갑자기 자전을 멈춘다고 해도 우리에게는 아무런 일이 일어나지 않을까요? 아니에요. 그 다음이 문제지요. 엄청난 변화가 지구에 휘몰아친답니다.

부글부글 바닷물이 끓어 모두 증발한다

지구가 자전을 멈춘 후부터 지구에는 밤과 낮의 구별이 없어집니다. 태양을 향한 지구의 반쪽 면은 태양으로부터 많은 양의 빛에너지를 받아 기온이 계속 올라갑니다. 높은 기온 때문에 땅에 있던 탄산염 물질들이 분해되어 대기 중의 탄산가스 농도가 높아지지요. 많은 양의 탄산가스는 **온실 효과**를 일으켜 지구의 기온을 거의 100℃ 이상으로 높이게 됩니다. 이런 일이 계속 반복되자 지구의 기온은 걷잡을 수 없이 높아졌답니다. 당연히 바닷물은 부글부글 끓어서 모두 증발했지요. 땅의 표면도 매우 뜨거워져 땅 위에 살던 동물이나 식물은 모두 말라죽었답니다. 어디에서도 생명의 흔적을 찾아 볼 수 없었습니다.

태양 빛이 비치지 않은 반대쪽의 상황을 알아 볼까요? 빛에너지를 받지 못한 반대쪽은 어둠 그 자체입니다. 기온은 −90℃까지 내려갔지요. 시간이 지나면서 기온은 더 내려갔답니다. 모든 것이 다 얼어붙었어요. 바다도, 강도, 호수도 밑바닥까지 다 얼었답니다. 대기 중의 기체들도 얼기 시작했습니다. 땅 위나 물속에 살던 동물과

Click!

온실 효과
http://edu.me.go.kr:81/env2/
study/body4.html

반사된 열이
우주로 방출된다

태양으로
부터의 빛

반사된 열이
대기에 의해
흡수된다

지구
대기

🔆 온실효과

식물들은 모두 얼어죽었거나 언제 깨어날지 모르는 깊은 겨울잠에 빠졌습니다.

일부 사람들과 동작이 빠른 동물들이 태양 빛이 비치는 면과 비치지 않는 면의 경계 지역으로 피했답니다. 물론, 태양이 비치는 면이나 비치지 않는 면보다는 조건이 조금 나았지요. 그러나 시간이 얼마 지나지 않아 이곳의 피해도 이만저만이 아니었습니다. 차가운 밤의 지역에서 뜨거운 낮의 지역으로 폭풍보다 몇십 배나 빠른 바람이 쉬지 않고 불었어요. 모든 것을 다 날려버렸지요. 다행히 아직 완전히 증발하지 않은 몇 군데의 호수 깊은 곳에서나 생물이 살 수 있었습니다.

지구 자기장이 없어져 죽거나 눈이 먼다

남극이나 북극 지방은 어떨까요? 원심력의 영향을 가장 적게 받고, 태양 빛이 낮게 비치는 지역이므로 그나마 지구에서 생명체들이 살 수 있는 유일한 곳이지요. 이러한 지역은 땅값이 엄청나게 올랐습니다. 전 세계에서 부자들이나 힘있는 사람들이 그곳으로 몰려들었기 때문입니다. 그러나 남극과 북극 지방의 사람들이나 생명체들도 서서히 죽어갔습니다. 왜냐하면 지구의 **자기장**이 없어졌기 때문이지요. 지구의 자기장은 태양이나 지구 밖에서 들어오는 해로운 **자외선**을 막아주는 역할을 하는데, 이런 역할을 하는 자기장이 없어져 사람이나 생명체들은 해로운 빛을 그대로 받아 세포가 죽고 눈이 멀게 되었습니다.

자기장
자석의 극 주위나 전류가 지나는 도선 주위에 생기는 자기력이 작용하는 공간이다. 지구도 하나의 거대한 자석이므로 자기장을 가지고 있는데, 대체로 남북 방향으로 향하고 있다.

자외선
태양 광선의 스펙트럼 분석에서 가시광선의 단파장보다 바깥쪽에 나타나고, 눈에 보이지 않는 빛으로 강한 화학 작용 및 살균 작용을 한다.

　　지구의 자기장은 어떻게 만들어질까요? 지구 안에 있는 핵은 거대한 자석의 역할을 하는데, 지구가 자전하면 거대한 자석으로부터 자기장이 만들어지지요. 그런데 지구가 자전을 하지 않으니까 자기장도 형성되지 않고, 자기장이 없으니까 해로운 빛으로 생명체를 이루는 기본 단위인 세포가 치명적인 피해를 받아 세포로 이루어진 생명체들은 더 이상 살아갈 수 없게 된 것입니다.

　　지구가 자전을 하지 않으면 결국에는 지구의 모든 생명체가 멸종하고 마는군요. 지구의 자전이 얼마나 중요한 일인지 알겠지요? 다행히도 지구가 자전을 멈추는 일은 절대 없을 것입니다. 태양이 생명을 다하고 마지막으로 대폭발을 하여 태양계가 없어지기 전까지는 지구는 정말 성실하게 하루에 한 바퀴씩 꼬박꼬박 자전을 할 테니까요.

내용정리

　지구의 자전 속도는 변한다. 그러나 자전이 멈추는 일은 생기지 않을 것이다. 만약에 그럴 경우 다음과 같은 일이 일어날 수 있다.

1. 지구의 반쪽은 태양열에 의해 기온이 매우 높아지고, 반쪽은 태양열을 받지 못해 기온이 매우 낮아지므로 지구의 생명체들이 살 곳이 없어진다.
2. 지구의 자전이 멈추면 지구 자기장이 없어지므로 태양풍을 막을 수 없다. 따라서 강력한 자외선에 의해 미생물부터 멸종하고 이것은 지구 생태계의 연쇄적인 멸종을 가져온다.
3. 원심력이 없어져 중력이 더 크게 작용한다. 따라서 몸무게가 무거워져 움직이는 데 더 많은 힘이 들 것이다.
4. 지구의 자전은 직선 운동하는 물체의 방향을 북반구에서는 오른쪽, 남반구에서는 왼쪽으로 휘게 만든다. 이러한 현상에 대비하여 비행기나 미사일 등에는 이를 고쳐주는 프로그램이 설치되어 있다. 따라서 지구의 자전이 멈춘다면 새로운 프로그램을 개발하여 설치해야 할 것이다. 그러나 지구가 곧 멸망하게 되는데, 이 프로그램을 개발하려고 할까?

새로운 비행법

지구의 자전을 이용한 비행은 가능할까?

비행기를 타고 가다보면 가끔 이런 생각이 들곤 합니다. '비행기를 타고 곧바로 올라갔다가 잠시 후에 도로 내려오면 그동안 지구가 자전하기 때문에 먼저 자리와는 다른 곳에 내릴 것이 아닌가? 이런 원리를 이용하면 시간도 절약되고, 비행기의 기름도 아낄 수 있지 않을까?' 하는 생각이지요. 이런 생각이 옳을까요, 틀릴까요?

몇 명의 학생들에게 위와 같은 말을 해 봤습니다. 반응이 대단했지요. 모두들 "맞아요! 선생님 정말 그렇겠네요. 비행기가 곧바로 위로 올라가 있는 사이에 지구는 서쪽에서 동쪽으로 자전을 할 테니까 비행기가 곧바로 내려온다면 출발한 곳에서 서쪽에 내리겠지요. 정말 그럴 듯한데요."라는 대답을 했습니다. 계산하기를 좋아하는 학생들은 1시간에 서쪽에서 동쪽으로 약 1,670 km를 가는 지구의 자전 속도를 생각하면서, '비행기가 몇 분 동안 하늘에 떠 있다가 내려오면 인천에 도착할 것인가? 또 몇 시간 후에 내려와야 북경에 도착할 것인가?'를 계산하며 스스로 감탄을 했습니다. 그런 후 "이렇게 쉽고 값싼 여행이 가능한데, 왜 여태껏 실현되지 않았을까요?"라며 제법 심각하게 질문을 했습니다.

지구가 돌고 있으니까 지금 내려가면…

과연 이런 비행이 가능할까요? 그렇다면 왜 항공사들은 만날 적자 운영을 한다고 엄살을 피우면서도 이 비행을 이용하지 않았을까요? 자, 우리 같이 고민을 해봐요.

먼저, 우리가 알아야 할 것은 비행기가 하늘에 떠 있어도 지구의 영향에서 완전히 벗어나지 못한다는 사실입니다. 비행기가 지상에서 1,000km 이상 떠 있지 않는 한, 여전히 지구를 둘러싸고 있는 대기권 속에 들어 있기 때문이지요. 그런데 대기는 그 속에 들어 있는 모든 것, 즉 비행기, 구름, 새 등등을 같이 데리고 지구의 자전과 함께 돌아가고 있어요. 만약 대기가 지구와 함께 돌아가지 않고 지구가 돌든 말든 가만히 있다면 비행기나 새, 그리고 사람들은 엄청난 폭풍에 시달리게 될 것입니다. 태풍의 속도가 시속 144km라고 하는데, 지구의 자전 속도는 1,670km이니 생각하면 실로 엄청난 바람을 맞게 되는 것이지요.

위와 같은 일이 일어나는 것은 '**관성**' 때문입니다. 관성이라는 것은 뉴턴이 운동 법칙을 설명할 때 제일 먼저 말한 운동의 성질입니다. 쉽게 설명하면, 운동하는 물체는 계속 운동하려는 성질을, 가만히 있으려는 물체는 계속 있으려고 하는 성질을 가지고 있다는 것입니다. 이게 무슨 말이냐 하면, 비행장에 가만히 착륙해 있는 비행기는 이미 지구와 함께 지구 자전 속도로 돌고 있다는 뜻이지요. 비행기가 지구의 중력이 미치는 범위 안에 있는 한 이것은 언제나 적용되는 원칙입니다.

그러므로 비행기가 **대기권**을 벗어나 공기가 없는 하늘 높이 떠 있어도 이미 관성의 영향을 받아 돌고 있는 거죠. 그렇다면 비행기는 자신이 가진 관성을 이기기 위해서 반대

대기권

대기권은 공기가 모여 있는 곳을 말하며 기온차에 따라서 대류권, 성층권, 중간권, 열권으로 나뉜다. 공기의 70% 이상은 지상 10km의 대류권에 모여 있는데, 이는 중력 때문이다. 대기권의 끝은 지표면에서 약 1,000km로 볼 수 있는데, 매우 희박하지만 공기가 분포하기 때문이다.

방향으로 제트 엔진을 분사하여 운동을 해야 합니다. 결국에는 에너지를 소비해야 한답니다. 한번 더 생각해볼까요? 비행기가 자전을 이용하여 비행을 하려면 지구 중력을 이기고 더 높이 올라가는 데 더 많은 연료가 소비되고, 공기가 희박한 높은 곳까지 올라가려면 지금과 같은 엔진이 아니라 우주탐사선이 사용하는 훨씬 비싼 엔진을 달아야 할 것입니다. 그렇기 때문에 차라리 그냥 지금처럼 운항을 하는 것이 경비가 덜 들고, 효율적이란 얘기지요. 어때요, 좋다가 말았나요? 그래도 이런 생각을 한번쯤 해봤다는 게 어디에요? 과학이란, 이런 엉뚱한 생각을 하는 데서부터 출발하는 것이니까요.

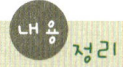

1. 관성

관성은 운동하는 물체가 가지는 성질이다. 정지하고 있던 물체는 계속 정지하려는 성질을 가지고, 운동을 하는 물체는 계속해서 운동을 하려는 성질을 가지는 것을 말한다. 이러한 성질 때문에 지구가 계속 자전할 수 있고, 우주는 팽창하고 있는 것이다.

2. 관성의 예

(1) 달리던 자동차가 갑자기 정지하면, 타고 있던 사람은 앞으로 넘어진다. 또 정지하고 있던 자동차가 갑자기 출발하면, 사람은 차가 움직이는 반대 방향으로 넘어진다.

(2) 자동차가 커브 길을 돌 때 원의 바깥 부분으로 몸이 기울어진다.

(3) 엘리베이터가 올라가려는 순간은 사람의 몸무게가 무거워지고, 내려가려는 순간은 몸무게가 가벼워진다.

(4) 담요를 막대기로 치게 되면, 담요에 묻어있던 먼지는 정지해 있으려 하나 담요는 막대에 의해 밀려나 먼지와 분리되므로 먼지를 제거할 수 있다.

(5) 뛰어가다가 돌부리에 걸리면 앞으로 넘어진다.

(6) 지구의 인력을 벗어난 우주탐사선은 관성의 힘으로 계속 앞으로 진행한다.

(7) 망치 자루를 세워서 바닥에 치면 망치가 자루에 깊숙이 박힌다.

슈퍼 과학 선생님의 번지 점프

지구에 판 구멍에서 번지 점프를 하면 어떻게 될까?

지구를 가로지르는 구멍은 존재하기 어렵다고 하는데도 끝까지 구멍은 있다고 믿는 사람들이 있다니 참 한심하지요? 그런 사람일수록 고집이 세지요. 그래도 상상력이 풍부하다는 점은 높이 살 만합니다. 옛날에 같은 학교에서 함께 근무한 과학 선생님 중에 그런 분이 계셨습니다. 그 분의 꿈은 그 구멍으로 번지 점프를 하는 것이었는데, 과연 번지 점프를 제대로 할 수 있을까요?

과학 선생님의 의견을 최대한 존중해서 지구의 북극에서 남극으로 이어지는 구멍이 있다고 칩시다. 그리고 그곳에서 번지 점프를 하는 데 필요한 시설을 갖추고 번지 점프를 실제로 했다고 상상해볼까요?

지구의 반지름은 약 6,400 km, 따라서 지구를 가로지르는 구멍의 길이는 약 12,800 km나 됩니다. 지구의 극 지름은 평균 지름보다 조금 짧긴 하지만 이만한 길이의 번지 점프 줄을 준비하려면 선생님 월급으로는 어림도 없을 거예요. 그러니 번지 점프를 하려면 부인과 이혼부터 해야 하겠네요. 또한 지구 내부에는 산소가 부족할 테니까 산소 탱크도 준비해야 하고 뜨거운 열과 압력을 이기기 위해 우주복과 같은 옷도 준비해야 할

여보야 울지마 선물 가져올게.

겁니다. 드디어 준비를 끝낸 선생님은 용감무쌍하게 북극의 구멍으로 떨어졌어요.

부인의 반대를 뒤로하고 구멍 속으로 떨어진 과학 선생님. 점점 밑으로 내려갈수록 속도가 증가했습니다. 속도는 얼마나 증가할까요? 과학 선생님의 떨어지는 속도을 알기 위해서 조금 까다로운 물리법칙을 이용해야 합니다. 또 과학 선생님의 질량을 알아야 합니다. 과학 선생님은 뚱뚱한 편이니까 계산하기 쉽게 질량을 100kg이라고 하지요.

중학교 과학 시간에서 배우는 내용 중에 **"역학적 에너지는 보존된다."**는 내용이 있는데, 이는 위치에너지의 변화량만큼 운동에너지가 늘어난다는 말과 같습니다. 과학 선생님이 지구 중심을 기준으로 구멍 입구에서 가지는 위치에너지는 다음과 같은 식을 이용하면 계산할 수 있습니다. '위치에너지 = 질량 × 중력 가속도 × 높이' 여기에서 질량은 100kg이고, 중력 가속도는 $9.8 m/s^2$인데 계산의 편리를 위해 $10 m/s^2$라고 하지요. 높이는 지구 반지름과 같으니까 6,400km입니다. 자, 그러면 위치에너지를 계산해볼까요? $100 kg \times 10 m/s^2 \times 6,400,000 m = 6,400,000,000 kJ$. 무려 640억 kJ이나 되네요. 이 위치에너지는 지구 중심에 도달했을 때의 운동에너지와 같은데, 운동에너지 식은 '운동 에너지 = 1/2 × 질량 × (속도)²'입니다. 그러면 이 식을 이용하면 $1/2 \times$ 질량 $\times$ (속도)² $= 6,400,000,000 kJ$이기 때문에 속력은 $11,300 m/s$가 나오는데, 즉 1초에 11.3km 움직인다는 얘기입니다.

이 속도는 얼마나 빠른 것일까요? **소리의 속도**보다 33배나 빠르고, 우주선이 지구를 탈출할 수 있는 속도랍니다.

엄청난 속도이지요. 물론 처음부터 이 속도는 아니지만 시간이 지날수록 이 속도에 가까워진답니다. 이런 속도로

Click!

역학적 에너지
http://www.mulinara.net/physics/
energy/conser/k11.html

여기서 잠깐!

소리의 속도

소리의 속도는 온도의 영향을 많이 받는다. 식으로는

'소리의 속도 = 340m/s + 0.6 × (그 날의 온도 −15°C)' 로 나타낼 수 있다.

예를 들어 온도가 15°C인 날의 소리의 속도는 '340m/s + 0.6 × (15°C−15°C) = 340m/s' 이고, 20°C인 날의 속도는 '340m/s + 0.6 × (20°C−15°C) = 343m/s' 이다.

따라서 기온이 높은 여름일수록 소리의 속도가 더 빠르다. 또한 바람이 불면 바람 부는 방향으로 소리가 좀더 빨리 가게 되고, 물은 공기보다 밀도가 높아서 물속에서는 소리의 전달 속도가 약 4배 더 빠르다.

낙하한다면 과연 어떻게 될까요? 지구 구멍 안에 공기가 채워져 있다고 한다면, 공기와 마찰로 인해 발생하는 열에 의해 새까맣게 타다 못해 나중에는 뼈도 남지 않을 거예요. 지구 대기에 부딪혀 별똥별이 되는 운석들과 같은 처지가 되는 것이지요. 만약에 구멍 안이 진공 상태라 하더라도 이런 속도에 견딜 수 있는 인간이 과연 있을까요? 과학 선생님이 슈퍼맨이라면 모르겠지만.

그렇지만 이야기를 계속 전개하기 위해서는 우리의 주인공이 불에 타 사라지거나 죽으면 안 됩니다. 여하튼 우리의 슈퍼 과학 선생님은 무사히 살아서 지구 중심을 지났습니다. 중심을 지난 후에는 관성에 의해 남극 쪽으로 떨어지게 되지요(남극에 사는 사람의 입장에서 보면 올라오는 것이겠지요). 중력의 반대 방향이므로 중심에서 멀어질수록 속도가 줄어들어 거의 남극 지표까지 가까이 갔다가 이번에는 다시 반대편으로 떨어집니다(북극에 사는 사람의 입장에서 보면 올라오는 것이지요). 이때 구멍 안에 공기가 있다면 공기의 마찰에 의해 발생

하는 마찰열의 형태로 에너지가 소비되기 때문에 남극 표면에 미치지 못한 상태에서 반대편으로 움직이게 될 것입니다. 그리고 이러한 왕복 운동을 계속하다가 마지막에는 지구 중심에 붙잡혀 정지 상태로 있게 되겠지요. 그러나 공기가 없는 진공 상태라면 시계추가 반복 운동을 하듯이 끝없이 반복 운동을 할 거예요.

어차피 두 가지 경우 모두 살아남기 힘들 것 같네요. 공기가 있다면, 지구 중심에 잡히게 되어 4,500°C나 되는 온도와 350만 기압이나 되는 압력 때문에 무사하지 못할 것입니다. 그리고 공기가 없는 진공 상태라면 지구가 존재하는 한 끝없이 계속 왔다갔다하는 운동을 하게 되니까 굶어죽을 것이고. 쯧쯧, 괜한 고집 때문에 훌륭한 선생님 한 분이 저 세상으로 가는 결과가 되네요. 그렇지만 우리의 과학 선생님이 진짜로 슈퍼맨이어서 죽지 않고 무사히 돌아와 학생들을 가르치시면 더 좋겠네요. 엉뚱한 슈퍼 울트라 과학 선생님 파이팅!

내용 정리

중력으로 인한 운동의 변화

• 역학적 에너지의 보존

중력의 영향을 받는 공간에서 자유 낙하하는 물체의 속도는 중력 가속도의 영향으로 계속 증가하게 되어 운동에너지는 증가하고, 위치에너지는 높이가 떨어지므로 계속적으로 감소한다. 이때 마찰력이나 공기의 저항을 무시할 때, 물체가 가지고 있는 역학적 에너지는 서로 전환되지만 그 양은 항상 일정하게 보존된다.

지구와 환경

산소로 이루어진 행성

지구에 산소가 더 많아지면 어떻게 될까?

산소는 소중한 기체입니다. 지구에 산소가 있기 때문에 우리와 같은 생명체들이 살아갈 수 있습니다. 그렇다면 산소가 지금보다 더 많아진다면 어떻게 될까요? 산소가 많아지는 것이 좋은 일일까요, 나쁜 일일까요?

지구에 있는 물질들 중에, 양으로 따진다면 산소가 으뜸입니다. 산소는 공기 중에도 있고, 물에도 있습니다. 물을 분해하면 산소와 수소가 생기는데 지구에 있는 바닷물의 양을 생각하면 산소의 양은 엄청납니다. 또 산소는 땅의 암석에도 많이 들어있습니다. 컴퓨터 속에 들어가는 반도체의 원료가 되는 규산염 물질들도 산소로 이루어져 있습니다. 그러므로 지구는 산소로 가득 찬 행성이라 할 수 있습니다.

그러면 지구의 대기 중에 있는 산소의 양은 얼마나 될까요? 지구 전체의 공기를 100%라고 할 때, 질소가 78%, 산소는 21%를 차지하고 있습니다. 산소는 질소 다음으로 많은 기체입니다. 산소는 녹색 식물들의 광합성으로 공급되고 그 양이 일정하게 유지되고 있습니다. 과학자들은 이 비율이 가장 적당한 비율이라고 말합니다. 그런데 식물의 광합성

물
화학적으로 산소와 수소의 결합물이며, 상온에서 색과 냄새, 그리고 맛이 없는 액체이다.

양이 갑자기 많아진다든가, 또는 땅속에 포함되어 있던 산소들이 분리되어 공기 중으로 나온다든지 하는 일이 발생하여 대기 중의 산소의 양이 지금보다 더 많아진다면 어떤 일이 생길까요? 언뜻 생각하기에 산소처럼 소중한 기체가 더 많아진다면 무척 좋을 것 같지만 과연 그럴까요? 그럼, 산소의 양이 50% 정도로 늘어났을 때의 상황을 한번 생각해 봅시다.

자연 발화로 화재가 자주 발생한다

불은 산소를 아주 좋아합니다. 산소가 많을수록 불은 잘 탑니다. 우리가 불을 끌 때 담요로 덮어서 끄는 경우가 있는데, 이때 담요는 산소 공급을 막는 역할을 합니다. 따라서 지금보다 많은 양의 산소가 공기 중에 있으면 불은 쉽게 붙고 끄기는 매우 어렵게 됩니다.

공기 속의 산소량이 많아지면 제일 먼저 소방관 아저씨들이 바빠집니다. 소방서는 일하는 사람들이 더 많이 필요하고, 길거리는 매일 왱왱거리며 지나다니는 소방차들로 시

끄러울 것입니다. 또 각 가정은 소화기를 열 개쯤 준비해 두어야 합니다. 조금이라도 방심하면 화재가 날 테니까요. 고속도로를 달리던 자동차들은 툭 하면 엔진이 폭발하여 멈춰 설 것입니다. 특수한 엔진을 만들기 위해 자동차 회사의 연구원들은 밤을 새며 고생하겠지요.

더욱 걱정이 되는 일은, 공기 중의 산소량이 많아지면 **자연 발화**가 잘 일어난다는 사실입니다. 자연 발화라는 것은 불씨가 없는데도 불이 나는 것을 말합니다. 나무가 많은 아마존 강 유역이나 동남아 같은 곳에서는 날씨가 건조하면 번개로 인한 충격이나 나뭇잎이 썩으면서 생기는 열로 인해 자연 발화가 흔하게 일어나는데, 이것은 많은 수의 나무들이 광합성을 한 결과 산소 농도가 다른 곳보다 높은 게 원인입니다.

산소량이 많아지면 자연 발화는 미세한 입자들이 많은 곳에서도 잘 일어나게 됩니다. 따라서 이불의 먼지를 털 때도 아주 조심해야 할 것입니다. 먼지 주위에 조금만 충격이 가도 먼지에 불이 붙게 될 테니 말입니다. 밀가루와 같이 작은 알갱이로 된 재료로 음식을 만들 때도 조심조심하지 않으면, 밀가루가 마치 폭탄처럼 불이 붙어 '펑'하고 터지겠지요. 설탕이 든 그릇을 들고 다닐 때도 조심해야 할 겁니

자연발화
공기 중에 놓여 있는 물질이 저절로 타는 현상으로, 산화 또는 분해 등에 의한 반응열이 자연 발화의 원인이 된다.

다. 잘못 흔들다가는 그것도 폭탄처럼 자연 발화되어 터질지 모르니까요.

학교 실험실에는 소방관을 24시간 보초로 세워두어야 할 것입니다. 실험실에는 산소와 쉽게 반응하는 금속들이 많은데, 이 금속들이 산소와 반응하면 열을 내고 시간이 좀 지나면 화재를 일으킬 수 있기 때문입니다.

그리고 바이올린이나 첼로 연주회는 모두 취소될 것입니다. 장영주 같은 유명한 바이올린 연주자들은 더 이상 바이올린을 연주할 수 없을지도 모릅니다. 바이올린은 마찰을 통해 아름다운 소리를 내는 악기인데, 마찰열 때문에 바이올린에 불이 붙을 수도 있을 테니까요.

철기 문명의 최후가 온다

공기 중의 산소의 양이 많아지면 철과 같은 금속들은 빨리 녹이 습니다. 금속이 산소와 반응하여 녹이 스는 반응을 산화라고 하는데, 이런 산화 반응이 급격하게 일어납니다. 그러면 어떻게 될까요? 프랑스의 자랑, 파리의 에펠탑은 며칠이 못 가 스르륵 무너져 내릴 것입니다. 철로 만든 자동차, 배, 비행기, 한강대교 등 곳곳에서 산화 반응으로 인해 구멍이 생기고, 구조물들은 약해져 고철 덩어리가 됩니다. 철이 들어간 모든 건물이 오래지 않아 여기저기서 무너져 내릴 것입니다. 철기 문화 이후 발달된 인류 문명은 하루아침에 물거품이 될지도 모릅니다. 철은 현대 문명의 쌀과 같은 것이라고 했는데…. 아무튼 이후 인류 문명의 운명을 여러분의 상상에 맡기겠습니다.

✿ **아름다운 에펠탑** 프랑스 혁명기념일인 '바스티유의 날'을 맞아 파리 에펠탑 앞에서 조명과 폭죽을 이용한 성대한 기념식이 열렸다.

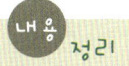

산 소

1. 산소의 생성

처음 지구 대기의 구성은 지금과 매우 달랐다. 주로 수소, 메탄, 암모니아, 수증기로 되어 있었다. 지구의 산소는 약 32억 년 전쯤 광합성을 할 수 있는 원시적인 식물이 생긴 후 그 양이 증가했다. 깊은 물속에서 광합성을 할 수 있는 녹색 식물이 생겨나 산소를 만들기 시작했다. 처음에는 그 양이 매우 적어 약 10억 년간은 수중에서 생긴 산소가 모두 물속에 녹아 버렸다. 약 22억 년 전쯤에는 산소가 바닷물에 더 이상 녹을 수 없을 정도로 많아져 대기 중으로 뿜어져 나오기에 이르렀고, 8억 년 전쯤부터 오존층이 생기기 시작했다. 이후 지구상에는 식물이 급격히 증가하였고, 공기중의 산소량도 빠른 속도로 늘어났다.

2. 산소의 양

현재 지구 표면의 대기 중 산소는 약 21%를 차지하고, 그 양은 10^{18}kg이다. 사람은 보통 하루에 약 300~800g의 산소가 필요하다. 지금처럼 석탄, 석유 같은 화석연료 소비가 계속 늘어난다면 대기권의 산소는 앞으로 1만 년 정도밖에 사용할 수 없다고 한다.

3. 생명체와 산소

산소는 생명체가 에너지를 얻는 데 매우 중요한 역할을 한다. 숨쉬는 공기를 통해 폐로 들어온 산소는 혈액을 타고 세포로 들어가 에너지를 만들어낸다. 대기 중 산소의 농도는 21%이며, 여기서 4%만 내려가도 시력 저하 등의 이상 반응이 나타난다.

지구를 돌려라!

지구의 자기장이 없어지면 어떻게 될까?

미국의 할리우드 영화에서 과학적 상상력은 영화 제작에 매우 중요한 모티브가 됩니다. 그동안 할리우드에서 만들어 흥행에 성공한 영화들을 보면 그 실상을 잘 알 수 있습니다. 〈딥 임팩트〉, 〈아마겟돈〉, 〈아폴로 13호〉, 〈코어〉, 〈투모로우〉 등이 그 대표적인 영화입니다.

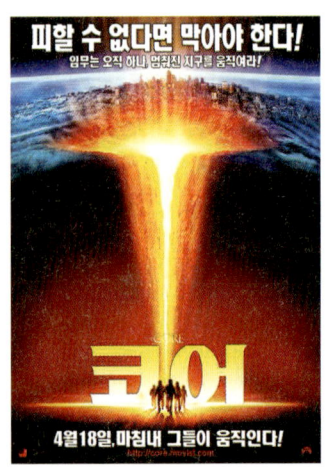

◆ 영화 〈코어(The Core, 2003)〉의 포스터. "피할 수 없다면 막아야 한다. 임무는 오직 하나, 멈춰진 지구를 움직여라." 영화의 선전 문구가 매우 도전적이다.

그 중 〈코어〉는 지구 내부의 변화로 인해 지구 전체 환경이 변하는 것을 사실적으로 묘사한 영화입니다. 물리적인 상식들이 총동원된 듯한 영화이지요. 과학에 흥미가 있는 학생들은 꼭 보기를 권합니다. 물론 흥행을 위해 많은 부분에서 과학적으로 현실성이 부족한 '뻥튀기'한 화면이 나오기는 하지만, 우리들의 과학적 상상력을 유발시키는 데는 교과서보다 훨씬 효과적이라고 생각합니다(영화를 선전하는 것이 아니므로, 절대 오해 마시길).

이 영화의 줄거리는 다음과 같습니다. 『미국 정부는 인공 지진으로 적을 공격하는 비밀 병기인 데스티니를 개발한다. 그런데 데스티니의 사용으로 인해 지구 내부에 있는 액체 상태의 외핵, 즉 코어(Core)가 회전을 멈춘다. 외핵의 회전이 중지되면서 지구에는 여러 가지 이변이 발생한다. 미 정부 당국과 N ASA는 지구 물리학을 가르치는 조슈아 키스 박사에게 자문을 구하는데, 박사는 이런 상태라면 1년 안에 지구의 생명체가 전멸할 것이며 인류가 살 수 있는 방법은 지구 핵을 다시 회전시키는 방법밖에 없다고 말한다. 이후 미국 정부는 6명의 전문가로 구성된 팀을 조직, 이들을 지구의 코어로 내려보내어 다시 외핵을 돌리는 일을 추진한다.

그 방법은 땅을 파고 외핵으로 들어가 핵 폭탄을 터뜨려서 지구 핵을 다시 회전시킨 뒤, 그로 인해 발생할 거대한 충격파를 피해 지상으로 다시 귀환하는 것이다. 그러나 이 일은 쉽지 않아 대원들은 차례로 죽게 된다. 지상에서는 다시 데스티니를 가동하려고 한다. 그 이유는 데스티니로 인해 외핵의 회전이 멈췄으니, 데스티니로 다시 회전을 일으킬 수 있다는 생각에서였다. 그러나 살아남은 대원들이 끝까지 그 임무를 수행하게 된다.』

결말은 어떻게 되었을까요? 궁금하지요? 영화를 보면 알게 될 테니까 비디오를 빌려보세요.

우리는 이 영화에서, 외핵의 회전이 멈출 때 사라지는 지

○ 지구를 구할 주인공들과 엄청난 열과 압력에 견딜 탐사정 '버질' 호의 제작 장면

구 자기장으로 인해 어떤 변화가 발생하는지 알아보려고 합니다. 그러기 위해서는 외핵의 회전이 멈추면 지구의 자기장이 없어지는 까닭부터 알아야겠지요? 실제로 외핵의 회전이 멈추면 **지구 자기장**이 사라질 수 있습니다. 지구 내부의 온도는 무려 4,000°C에 달하기 때문에 **전하**를 띤 **이온**들이 회전하면서 그 주위로 유도 자기장이 형성되어 지자기가 생기는 것으로 과학자들은 말하고 있습니다.

자, 그러면 이제부터 본론에 들어가, 지구 자기장이 없어진다면 어떻게 되는지 알아봅시다.

가장 먼저 태양풍에 그대로 노출됩니다. 태양풍은 보통 태양에서 부는 바람이라고 생각하는데, 이것은 한자로 된 글자의 의미일 뿐입니다. 왜냐하면 바람이란 공기의 수평적 이동을 말하는데, 태양과 지구 사이의 우주 공간은 진공 상태이기 때문에 공기가 거의 존재하지 않아 바람이 불지 않습니다. 따라서 태양풍이란 태양에서 부는 바람이 아니라, 태양으로부터 우주 공간을 향해 쏟아져나가는 전자, 양성자, 헬륨 원자핵 등으로 이루어진 입자들의 흐름을 말합니다. 이런 태양풍의 존재는 **혜성**의 꼬리가 항상 태양의 반대

전하
모든 전기 현상의 근원이 되는 실체이다.

이온
전하를 띤 원자 또는 원자단을 말한다. 양이온과 음이온이 있다.

🔆 **핼리혜성** 태양의 주위를 타원 궤도를 이루며 도는 혜성으로, 천문학자 에드먼드 핼리가 발견하고, 그 주기를 예측했다. 길게 늘어선 꼬리는 태양풍에 의해 형성된 것이다.

여기서 잠깐!

지구 자기장

지구가 가진 자석으로서의 성질이다. 지구와 지구 주위에 나타나는 자기이며, 지구 자기가 영향을 미치는 영역을 지구 자기장이라 한다. 지구 자기장은 지구 중심 부근에서 막대 자석을 지구 자전축 방향으로 놓은 쌍극자 자기장 형상을 하고 있다.

지구 자기장은 태양 방향으로는 지구 반지름의 5배, 그 반대쪽으로 지구 반지름의 10배에 해당하는 거리까지 영향을 미친다.

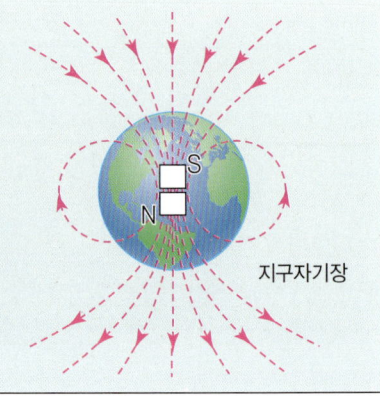

지구자기장

쪽으로 향하는 것을 보고 알았습니다. 지구 자기장이 없어짐으로 인해 받는 태양풍의 피해는 다음과 같이 여러 가지로 생각할 수 있습니다.

지구의 기체들이 모두 우주 밖으로 떠밀려 나갈 수 있다

지구의 대기권을 이루는 기체 중 수소나 헬륨 등과 같이 질량이 가벼운 기체들부터 우주 밖으로 밀려 나가게 됩니다. 이로 인해 대기권의 기체 구성이 달라져 대기압의 변화를 가져오고, 시간이 지날수록 산소의 양이 줄어들어 생태계에 큰 변화를 일으킬 것입니다.

사람이나 동물이 암에 걸릴 확률이 매우 높아진다

태양풍은 에너지가 큰 입자들의 흐름입니다. 지구 자기장은 고에너지 입자를 지구 표면으로 들어오지 못하게 하고 극지방 상공으로 이동하도록 만드는 역할을 합니다. 이 입자들이 상층 대기와 충돌하면서 만드는 빛이 바로 오로라입니다. 그런데 지구 자기장이 없어지면 이들 입자가 사람에게 그대로 피폭되어 체내의 DNA가 파괴되는 피해가 예상됩니다. 암 발생률이 매우 높아질 것이 분명하고, 기형아 발생률도 급증할 것입니다. 이런 일은 동물뿐만 아니라 식물이나 미생물에도 적용됩니다. 눈에 보이지 않지만 지구 생태계의 근간을 이루고 있는 미생물이 가장 먼저 피해를 받을 것입니다. 미생물의 도태는 결국 지구 생태계 전반에 부정적인 변화를 가져올 것입니다.

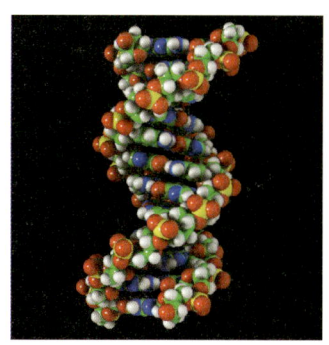

✿ DNA 이중나선구조 모형 DNA는 핵산의 일종으로 유전자의 본체이다.

우주의 날씨가 바뀐다

사람들은 지구의 날씨 변화에 매우 민감하게 대처하고 있습니다. 날씨의 변화가 우리의 생존과 직접적으로 연관되어 있기 때문입니다. 그런데 지구 내의 날씨 외에도 우리에게 큰 영향을 끼치는 날씨가 또 있는데, 과학자들은 이를 '우주 날씨(우주 천기)'라고 부릅니다. 우주 날씨의 변화는 지구와 마찬가지로 태양이 그 중심에 있습니다. 태양에서 **플레어**와 같은 폭발이 일어나면 수백억 톤의 물질이 입자 상태로 빠른 속도로 지구에 들어옵니다.

이 입자들은 지구 자기장에 큰 유도 전류를 발생시켜 지상의 전력 시스템과 통신 시설(휴대폰)에 큰 피해를 일으키고 있습니다. 1989년 3월에 캐나다의 일부 지방에서 변압기가 타버려 전력시스템 마비로 9시간 동안 정전이 된 일이 있었습니다. 이때 약 5백만 명의 주민이 피해를 보았다고 합니다. 약 2주 동안 통신이 마비되는 현상(**델린저 현상**)이 발생하기도 했습니다. 그런데 지구 자기장이 없다면 이보다 몇백 배 더 심한 피해를 보게 됩니다. 직접적인 피해는 우주 공간에 있는 인공위성이 받는데, 1989년 3월에 많은 수의 인공위성이 오작동을 일으켰고, 같은 해 8월에는 지구 자기권을 탐사하던 위성 GOES 5, 6, 7호가 고장을 일으켜 지상의 위성 통신 시스템이 작동 불능 상태에 빠진 일이 있었습니다. 인공위성의 작동은 대부분 기밀 사항이므로 피해 위성의 수는 집계된 수보다 더 많았을 것이 분명합니다.

지구는 화성처럼 황폐한 행성이 된다

〈코어〉라는 영화에서처럼 지구 자기장이 사라지면 수시로 내려치는 어마어마한 번개의 위력 앞에 지구는 순식간에

플레어
태양의 채층이나 코로나 하층부에서 돌발적으로 다량의 에너지가 방출되는 현상이다.

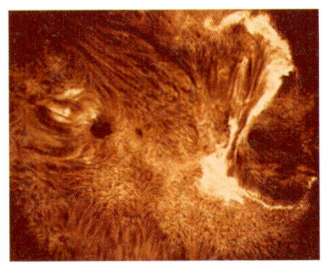

델린저 현상
태양풍이 심할 때, 국제 통신에 일시적으로 장애가 발생하는 현상이다. 짧게는 5분 정도에 그치지만, 수시간 동안 계속되는 때도 있다.

⬆ **영화 〈코어〉의 한 장면.** 코어의 회전이 중지되자 지구의 자기장이 뚫려 방전이 되어 엄청난 위력의 번개가 이탈리아의 콜로세움과 미국의 골든게이트교를 파괴하였다. 이런 일이 반복되면 지구가 불바다가 되는 것은 시간 문제이다.

불바다가 될지도 모릅니다.

　뿐만 아니라 오존층이 순식간에 사라지면서 강력한 살균 능력을 가진 자외선이 그대로 지구로 쏟아집니다. 지구 전체적으로 **오로라 현상**이 자주 발생하여 아름다움을 느낄 수 있으나, 이는 잠깐 동안입니다. 사람들은 바깥출입을 삼가고, 나가더라도 우주복과 같은 옷을 입고 얼굴 전체를 덮는 선글라스를 쓰고 나가야 할 것입니다. 세계 곳곳에서는 산불이 일어날 것이고, 남극과 북극의 빙하는 서서히 녹아 내릴 것입니다. 시간이 지나면서 지구의 온도가 상승하여 바닷물은 증발하게 되겠지요. 지구는 결국 화성과 같은 행성이 되고 말 것입니다.

⬆ **오로라** 태양 표면의 폭발로 우주 공간으로부터 날아온 전기를 띤 입자가 지구 자기를 만나 남극과 북극의 극지방 부근의 상공에서 산소 분자와 충돌하여 생기는 일종의 방전 현상이다.

생물들이 길을 잃고 방황한다

　지구 자기장은 먼 거리를 이동하는 생물이 방향을 찾을 때 이용하는 기준점이 됩니다. 2001년 자연과학 잡지로 정평이 나 있는 《네이처》지에서는 지빠귀과에 속하는 '**나이팅게일**'이라는 새의 이동에 대한 이야기를 실었는데, 이 새는 자기 몸속에 있는 '자기장 지도'를 이용하여 북유럽의 스웨

○ **나이팅게일** 몸길이가 약 16.5cm 인 새로, 울음소리가 아름다워 검은지빠 귀·유럽 물새와 더불어 유럽의 삼명조 (三鳴鳥)로 불린다. 문학 작품이나 신화 에 자주 등장한다.

덴에서 출발하여, 무려 1,500km에 해당하는 사하라 사막을 건너 아프리카 중남부까지 날아갈 수 있다고 하였습니다.

또 비둘기는 집을 잘 찾기로 유명한 새로 옛날부터 서신 을 전달하는 데 이용되었습니다. 그런데 비둘기의 머리에 작은 생체 자석이 들어 있다는 사실이 1979년 미국 연구진 에 의해서 확인되었습니다. 그들은 비둘기의 뇌와 머리뼈 사이에 가로 1mm, 세로 2mm의 생체 자석이 있는 것을 발 견했습니다. 그들은 비둘기가 이 생체 자석을 나침반으로 삼아 먼 거리를 정확하게 찾아올 수 있다고 추정했습니다. 〈코어〉라는 영화를 보면 지구 자기장이 없어져 비둘기 떼가 방향을 잃고 아무 데나 부딪혀 죽는 장면이 나오는데, 이는 결코 과장이 아닙니다.

뿐만 아니라 카리브 해에 사는 바다가재도 지구 자기장 을 이용해 수십 km를 이동해 자기 집을 찾아가는 것으로 밝 혀졌습니다. 꿀벌의 경우에도 지구 자기장에 반응해 자기장 의 변화가 있을 때 그들이 날아가는 비행 양상이 달라진다 고 합니다. 이 외에도 돌고래, 거북이 등에서도 그 증거를 찾을 수 있습니다.

일부 박테리아(Magnetotactic Bacteria)도 몸에 미세한 자 석을 지니고 있어 지구 자기장을 감지하여 북반구에서는 북 극으로, 남반구에서는 남극 쪽으로 몰려든다고 합니다. 이 박테리아를 전자 현미경으로 보면 0.04μm 정도의 자석 입 자들이 몸 안에 줄줄이 늘어서 있는 것을 볼 수 있습니다. 자석 입자가 나침반의 역할을 하는 것이지요. 이들 박테리 아는 주변의 철분을 흡수한 뒤 이를 3만~4만 배로 농축하 여 저장한다고 합니다. 박테리아 속의 자석 입자는 형태와 크기가 일정한 결정 구조를 이루고 있기 때문에 다양한 용

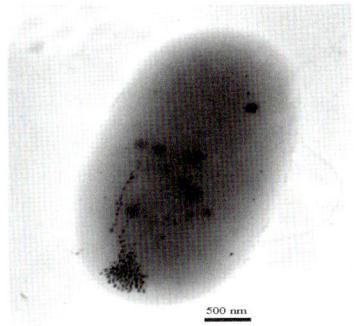

○ 랍스터로 잘 알려진 바다가재와 마그네틱 박테리아(내부에 작고 검게 보이는 것이 일종의 자석과 같은 역할을 한다.)

도로 이용될 수 있습니다. 박테리아 세포를 다른 생물 세포와 융합시키면 자석에 반응하는 세포가 되는 것이지요. 의료계에서는 암의 치료에도 응용할 수 있을 것으로 기대하고 있습니다. 특히 0.04μm 크기의 자석은 인간이 인공적으로 만들 수 있는 한계의 10분의 1 정도이고, 그 형태와 크기가 균일하기 때문에 자기 테이프 등에 칠하는 자성 물질로 사용한다면 테이프의 성능을 크게 향상시킬 수 있다고 합니다.

그러므로 지구 자기장이 없어진다면 여기에 의존하여 살아가고 있는 수많은 생명체의 생존에도 심각한 영향을 미칠 것입니다. 비둘기는 제 집을 찾지 못하고, 철새들은 길을 잃고 방황하다가 가족과 동료들과 뿔뿔이 흩어져 제 명대로 살지 못하는 슬픈 운명에 놓이게 되는 것이지요.

비행기나 배들의 장거리 운항이 불가능해진다

지구 자기장이 없으면 나침반을 사용할 수 없습니다. 각종 항공기, 선박 등이 항로를 따라 안전하게 운행될 수 없게 되지요. 특히 항공기의 야간 운행은 불가능하게 될 것입니다. 이로 인해 각 나라 간 무역이나 여행 등은 매우 위축될 것이고, 그 결과 경제적 손실은 예측이 불가능할 정도로 심각해질 것입니다.

화성에 생명체가 존재하기 어려운 가장 큰 이유이다

NASA의 과학자들은 화성 표면에서 생존하고 있을 생명체의 발견 가능성을 매우 낮게 보고 있습니다. 그들은 "지구의 과학 지식으로 볼 때 그럴 가능성은 거의 없다."며, 탐사 로봇의 임무를 "현재의 생명체를 찾는 것이 아니라 과거에 생명체가 존재했다는 증거를 찾는 일"이라고 말하였습니다. 현재 **화성 생명체**가 생존하지 않는다고 판단하는 이유는 무엇일까요? 그 이유로 화성에는 지구의 자기장과 같이 우주 방사선을 막아줄 보호막이 없다는 것을 들 수 있습니다.

마지막 한마디, 〈코어〉 영화를 보고 두려움에 떨었다면 미안하게 생각합니다. 그러나 안심해도 좋아요. 영화의 내용에 너무 겁내지 않아도 된답니다. 왜냐하면 지구의 외핵이 멈출 확률은 거의 없고, 외핵의 회전이 갑자기 멈춘다 해도, 생성된 자기장이 소멸하는 데는 수천 년 이상이 걸리기 때문이지요. 따라서 여러분과 여러분의 자손의 자손들이 살아가는 날 동안에는 앞에서 말한 일이 절대로 일어나지 않을 것입니다. 모두들 지구 자기장에 감사하는 마음을 가지고 열심히 공부하고, 건강하게 살아가길 바랍니다.

Click!
화성 생명체
http://www.dongascience.com /
news/special/mars.asp

지구 자기장

나침반의 자침이 남북 방향을 가리키면서 정지하는 것은 주위에 자기장이 형성되어 있기 때문이며, 자기장이 미치는 공간을 지구 자기장이라고 한다.

1. 지구 자기장의 발생

지구 자기장의 생성에 대해서는 여러 가설이 있다. 대부분의 지질학자들은 지구의 외핵이 지구 자기장을 생성시키는 원동력의 역할을 한다는 '지구발전기(Geo-dynamo) 이론'을 선호한다. 지구발전기 이론은 용융 상태의 외핵 안에 전하를 띤 성분들의 대류 활동이 지구 자기장을 발생시킨다고 보는 이론이다.

2. 지구 자기의 3요소

- **편각** – 지리상의 남북 방향과 나침반 방향이 일치하지 않고 동쪽 또는 서쪽으로 치우치는 각이다.
- **복각** – 자침과 수평면이 이루는 각이며, 복각의 크기는 자기 적도에서는 $0°$, 자기극에서는 $90°$이다.
- **수평 자기력** – 지구 자기장에서 단위 자극에 작용하는 자기력의 크기를 전자기력이라고 하며, 전자기력의 수평 성분을 수평 자기력이라 한다.

3. 지구 자기장의 변화

- **일변화** – 지구 자기장이 하루를 주기로 변화하는 현상으로, 전리층이 태양에서 날아오는 대전 입자들의 영향을 받아 생긴다.
- **영년 변화** – 지구 내부의 변동에 의하여 지구 자기의 요소가 오랜 세월에 걸쳐 서서히 변화하는 현상이다.
- **자기 폭풍** – 태양의 흑점 변화에 의하여 지구 자기가 급격히 변화하는 현상이다.

사라진 달력

지구가 항상 구름으로 덮여 있다면 어떻게 될까?

가을이 되면 하늘은 유난히 파랗습니다. 그러다가 높은 곳에 구름이 생기면 그 모양은 참 예쁩니다. 그런데 지구의 하늘이 금성처럼 항상 구름으로 덮여 있다면 어떻게 될까요?

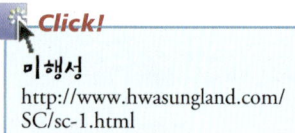

Click!

미행성
http://www.hwasungland.com/
SC/sc-1.html

'태초에 지구가 만들어질 당시, 많은 **미행성**들이 지구와 충돌했습니다. 미행성이란 금성이나 화성처럼 행성으로 발전하기 전의 상태에 있는 작은 크기의 행성들을 말하지요. 수많은 미행성들이 지구에 충돌하면서 그들은 자신들이 가지고 있던 물질들을 지구에 보태주었습니다. 많은 양의 수증기도 그 중 한 가지입니다. 미행성의 충돌이 뜸해

지고 지표의 온도가 내려가자 대기는 냉각되어 두꺼운 구름을 형성했습니다. 구름에서 내린 비는 바닥을 적시고 밑으로 흘러흘러 오늘날과 같은 바다를 형성했습니다.'

앞의 이야기는 지금까지 과학자들이 밝힌 **지구 탄생** 시나리오를 간단히 정리한 것입니다. 그런데 그 당시 형성된 두꺼운 구름이 아직도 지구를 덮고 있다고 생각해볼까요? 어떤 일이 일어날까요?

먼저, 오늘날과 같이 발달된 인류 문명은 생기지 않았을 것입니다. 인간이 달에 다녀오거나, 화성에 탐사 로봇을 보내거나 하는 일은 꿈도 꾸지 못하지요. 하늘의 구름과 인류 문명의 발달 사이에는 어떤 관계가 있기에 이런 말을 하는 것일까요?

현대 과학은 사람들이 하늘을 쳐다보면서 시작되었다 해도 틀린 말이 아닙니다. 과학 혁명의 문을 연 **코페르니쿠스**는 월식 장면을 관측한 후, 그 신비함에 매력을 느끼고 점점 천문학의 세계로 빠져들었다고 합니다. 하늘이 두꺼운 구름으로 덮여있었다면 월식과 일식은 물론이고, 하늘에 태양, 달, 다른 행성 그리고 별이 있는지도 몰랐을 것입니다. 하늘은 오직 두꺼운 구름뿐이었을 테니, 그야말로 별 볼일 없는 하늘이었을 것입니다. 코페르니쿠스도 훌륭한 과학자가 되지 않았을 것이고, 과학 혁명도 없었을 것이고, 그렇다면 지금과 같은 과학 문명도 생기지 않았을 것이 분명합니다.

그리고 사람들에게도 시간 개념이 없었을 것입니다. 우리가 무심코 보는 달력의 1월 1일이 무엇을 기준으로 정해졌는지 아세요? 옛날 이집트인들은 해 뜨기 바로 전에 **시리우스**라는 별이 떠오르는 날을 1월 1일로 하여 1년에 해당하는 달력을 만들어 사용했다고 전해지고 있습니다. 밤하늘에

지구 탄생
http://rathinker.co.kr/paranormal/creationism/planetearth.htm

🔵 **코페르니쿠스(1473~1543)** 폴란드의 천문학자로, 저서 《천체의 회전에 관하여》라는 책에서 지동설을 주장하여 근대 과학 혁명의 문을 열었다.

🔵 **시리우스** 큰개자리에 있는 별로, 밤하늘에서 가장 밝게 빛나는 별이다.

서 가장 밝은 별인 큰개자리의 시리우스는 −1.5 등성으로, 태양보다 약 23배나 더 많은 빛을 내고 있는 별입니다. 또한 하루는 태양이 뜨고 지는 것을 기준으로 정한 것이고, 한 달은 달의 모양 변화를, 1년은 지구가 태양 둘레를 한 바퀴 도는 시간을 기준으로 정한 것입니다. 따라서 하늘의 태양, 달, 별자리를 관측하지 못하면 일, 월, 년을 정할 수 없음을 이해할 수 있겠지요? 우리에게 시간 개념이 없다면 어떤 일이 생길까요? 농사일부터 시작하여 학교 가는 시간, 시험 치는 날짜 등을 제대로 말할 수 없고, 친구들 간의 약속 시간도 잡을 수 없겠지요? 사람이 하는 모든 일이 뒤죽박죽일 게 분명합니다.

또 하나, 마젤란과 같은 모험가들은 세계 일주를 하려는 생각을 하지 않을 것입니다. 옛날이나 지금이나 바다를 항해하는 사람들은 하늘의 북극성과 같은 별을 보고 방향을 정합니다. 그런데 구름에 가려 별이 보이지 않으니까 항해를 하더라도 방향을 잡지 못하고 여기저기 헤매고 다녀야 할 것입니다.

뿐만 아니라 사람들은 갇힌 세계관을 가질 것입니다. 회색빛 구름에 갇힌 지구만 이 세상에서 유일한 세계라고 생각하겠지요. 지구 밖 세계에 지구보다 훨씬 큰 우주가 있고 거기에는 수천억 개의 별이 있다는 생각은 전혀 할 수 없을 것입니다. 만약 그런 말을 하는 사람이 있다면 종교 재판에 의해 모두 처형당했을 것입니다.

　지구의 생태계는 어떨까요? 현재와는 매우 다르겠지요. 지구로 들어오는 햇빛의 양이 적어 주로 음지 식물이나 수생 식물이 다양하게 진화했을 것입니다. 동물계의 진화는 어류 중심으로 일어날 것이고, 양서류나 파충류 등이 지구 동물계의 주인 노릇을 하고 있겠지요. 만약에 인간이 존재한다면 물속에 사는 인어와 같지 않았을까 상상합니다. 사람들은 날마다 내리는 비에 우울해 할 것이고, 수명도 아주 짧을 것입니다. 그들에게 가장 인기 있는 사람은 웃음을 주는 개그맨이 아닐까요? 그리고 몇백 년에 한 번쯤 파란 하늘이 조금 비치면 모두 그곳을 향해 신이 사는 곳이라 찬양하며 경배하지 않을까 싶네요. 언제나 파란 하늘을 볼 수 있는 지금의 우리가 얼마나 축복받은 존재인지 모르겠습니다.

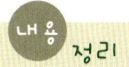

내용 정리

1. 하늘이 파란 이유

　빛이 원자에 충돌하면 원자에 속박되어 있는 전자가 진동하면서 여러 방향으로 빛을 재방출하는데, 이를 산란이라고 한다. 산란은 입자가 작을수록, 빛의 진동수는 높을수록 잘 일어난다. 태양에서 오는 빛 중에서 색을 나타내는 것은 가시광선인데, 가시광선 중에서 파란색이 가장 많이 산란된다. 이 때문에 하늘이 파랗게 보이는 것이다.

2. 구름이 하얀 이유

　구름은 다양한 크기의 물 분자가 모여 형성된 것이다. 가장 작은 입자는 파란색을, 조금 큰 입자는 녹색을, 더 큰 입자는 붉은색을 산란시킨다. 따라서 구름은 모든 색을 산란하므로 흰색으로 보인다. 물 입자가 더 커진 경우에는 빛이 흡수되고 산란된 양이 적어지므로 구름의 색은 어두워진다.

지구 속 문명 이야기

지구를 통과하는 구멍을 팔 수 있을까?

믿거나 말거나 조금은 황당한 이야기부터 시작할까 합니다. 19세기 말에 노르웨이에 살았던 올랍 얀센이라는 어부는 그의 아버지와 함께 북극해를 탐험하다가 우연히 지구 내부로 통하는 북극의 열려진 구멍으로 들어갔다고 합니다. 그들은 그 구멍을 통해 들어간 지구 속 문명에서 약 2년 반 동안 살았으며 나올 때는 남극으로 통하는 구멍으로 나왔다고 주장하였습니다. 실제로 얀센이 지구 속 문명 세계에서 살았는지는 알 수 없지만, 그는 친구의 도움으로 자신의 지구 속 생활을 《지구 속 문명(The Smoky God and Other Inner Earth Mysteries)》이라는 책으로 정리하여 발표하였습니다.

책에서 얀센은 자신이 살았던 지하 세계에는 큰 바다와 강과 호수가 있으며, 따뜻한 기운과 반짝이는 구름으로 둘러싸인 붉은 공모양의 태양이 있다고 말했습니다. 그곳에는 12시간의 낮과 12시간의 밤이 존재하며, 사람들은 75세 이후에 결혼을 하는데, 평균 600살 이상까지 산다고 했습니다. 키는 3 m 이상이 넘어 모두 거인족이고, 자기 부상 열차와 같은 교통 수단을 이용한다고 합니다. 주된 산업은 농업으로 사람들이 큰 것처럼 농작물이 모두 큰데, 사과는 사람들 머리만 하다고 했습니다. 그리고 기후는 24시간마다 한 번씩 비가 내리는 것 외에는 특별한 현상이 일어나지 않아 살기에는 무척 좋다고 했습니다. 집의 바깥 부분은 모두 금으로 되어 있으며 과학과 예술이 발달했고, 사람들은 우리가 살고 있는 세계에 대해 많은 것을 알고 있다고 했습니다.

어때요. 재미있지요? 비슷한 이야기를 하나 더 할까요. 이 이야기는 제2차 세계대전 당시를 배경으로 하는 것인데, 히틀러의 일급 비밀 문서들이 보관되어 있던 독일 베를린의 지하 벙커를 접수한 연합군은, 독일의 4성 장군 이상만이 열람할 수 있다는 괴문서들을 발견하여 이를 미국의 정보부에 전달한 적이 있다고 합니다. 그 문서에는 독일군들이 극비리에 추진했던 첨단 무기들의 설계도 등이 암호화되어 있었는데, 특히 놀라운 것은 지하 세계에 대한 정보가 들어 있었다고 합니다.

"지구의 북극과 남극에는 1년에 3번씩 열리는 커다란 문이 있고, 그 문을 통해 지하로 들어가면 '아갈타'라 불리는 또 하나의 지구가 있다."라고 기록되어 있었습니다. 이를 확인하기 위해 파견된 미군은 그 문 근처에서 헤매다가 알 수 없는 힘에 이끌려 지구 안으로 빨려 들어갔는데, 지구 안에서 또 하나의 태양을 봤으며, 매머드(mammoth)를 닮은 대형 동물을 보게 되었습니다. 미군 정보 당국의 최고 책임자는 지하 세계의 여왕을 만나기도 했는데, 이 내용은 미국 대통령에게까지 보고되었다고 합니다. 말도 안 되는 이야기라고요? 저도 그렇게 생각합니다. 하지만 정말 재미있는 이야기가 아닌가요? 또 지금까지 누구도 지하 세계 깊은 곳에 가 본 적이 없으니 뭐라 말할 수도 없습니다.

지하 세계로 갈 수 있는 구멍은 과연 있을까요? 그리고 그 구멍은 어떻게 팔 수 있을까요? 구멍을 파는 일은 과연 가능할까요?

콜라 반도 지질 탐사

1970년부터 1989년까지 약 20년 동안 노르웨이와 러시아 국경 근처에 있는 콜라 반도에서 지층을 파는 연구 활동을 했는데, 가장 깊이 판 기록은 12,262 m이다. 지각의 불연속성과 물리 화학적 조성 등을 연구하기 위해서 팠다. 지각 두께의 약 절반 가량 파내려가는 중에 27억 년 된 바위를 채굴할 수 있었다. 원래는 15 km 깊이까지 내려가려고 했는데, 기술적인 어려움 때문에 중간에 포기했다.

어느 날 땅속 가장 깊은 내핵 근처에 다이아몬드가 무진장 묻혀 있다는 것이 밝혀졌다고 가정해봐요. 분명히 욕심 많은 사람들이 이를 파겠다고 나설 겁니다.

다음 이야기는 다이아몬드를 찾아 나선 이들이 다이아몬드를 찾기 위해서 거쳐야 할 과정을 상상하여 쓴 글입니다.

이들은 세계적인 지질학자들과 우수한 기술력을 가진 굴착 전문가들과 함께 러시아 **콜라 반도**로 갔습니다. 그곳에는 지금까지 인간이 가장 깊이 판 구멍이 있거든요. 대략 12 km 깊이의 구멍인데, 그 깊이는 지구에서 가장 높은 산의 높이보다 훨씬 깊지요. 그들은 그곳에서 땅을 파기 시작했습니다.

그런데 지구에 구멍을 내는 일은 처음부터 어려움에 부딪혔습니다. 지구 표면에서 중심 쪽으로 갈수록 온도와 압력이 높아졌기 때문이지요. 온도가 높아지는 것은 지구가 중심부로 갈수록 무거운 물질들로 이루어져 있기 때문인데, 이들 중 일부는 핵분열을 하므로 중심부의 온도는 태양의 표면 온도와 같은 약 6,000°C로 매우 높습니다. 또한 지구 중심부는 엄청난 지구 질량에 의해서 압력이 무려 350만 기압에 이르지요. 따라서 지표에서 깊어질수록 매우 높은 온도와 압력에도 견딜 수 있는 튼튼한 장비가 필요했습니다. 이런 장비를 만들 수 있을까요? 좋아요. 만들 수 있고 만들었다고 생각합시다. 최첨단 굴착 기계들은 계속 땅을 파내려 갔습니다. 이번에는 많은 흙과 뜨거운 마그마와 액체 상태의 금속 물질을 밖으로 퍼 나르는 일이 어려움으로 다가왔습니다. 최첨단 운반 기구로 열심히 퍼 날랐지요. 그렇지만 대류 현상을 일으키는 맨틀이 금방 파 들어간 구멍을 계속 막았기 때문에 땅파기 작업은 수시로 중단되었습니다.

맨틀의 움직임을 막아보려고 여러 가지 시설을 했지만 맨틀 대류의 힘은 너무나 컸지요. 그들은 두께가 10 m나 되는 특수 금속으로 제작된 파이프로 맨틀의 대류를 막았습니다. 약 3,000 km나 되는 맨틀 층을 관통하는 특수 금속 파이프를 제작하느라고 엄청난 돈이 들어갔지요. 다음으로 만난 것이 액체 상태의 외핵이었습니다. 외핵의 온도는 매우 높았어요. **높은 온도** 때문에 철이나 니켈 등과 같은 무거운 금속들이 이온 상태로 매우 활발하게 요동치고 있었습니다. 또 막대한 자기장이 흘러나와 무선으로 작동되는 첨단 굴착 기기들과의 통신이 이루어지지 않아 수시로 고장이 발생했습니다. 맨틀 층에 이어 외핵층도 특수 금속 파이프로 이었습니다. 그 길이도 약 2,000 km에 달했답니다.

파이프로 된 지구 구멍을 통해 지구 내부의 뜨거운 열이 지표 밖으로 흘러나오는 바람에 파이프 안의 상승 기류의 속도는 태풍이 가지는 바람의 속도보다 수십 배나 더 컸습니다. 바람의 엄청난 힘을 이겨내며 내려가기 위해 시간이 더욱 많이 들었지요. 지표 밖으로 나온 뜨거운 열은 지구 대기권을 혼란스럽게 만들었습니다. 정상적인 대기 순환이 이루어지지 않아 지구 곳곳에 기상 변화를 일으키는 원인을 제공했습니다. 전 세계 환경 단체들의 비난과 시위가 줄을 이었습니다. 그러나 지구 중심에 있는 엄청난 다이아몬드에 대한 욕심으로 많은 인명 피해와 경제적인 피해를 감수하며 점점 깊은 곳으로 파 들어갔습니다. 일확천금을 노리는 사람들의 욕심이란 신(神)도 막을 수 없었지요.

시간이 흘렀습니다. 지상 관제 센터의 모니터에 지구의 내핵까지 이르렀다는 신호가 나타났습니다. 막대한 양의 **다**

지구 내부의 온도와 압력

지표 부근에서는 지하로 내려갈 때 100 m 깊이에 약 3℃ 온도가 내려간다. 그러나 더 깊은 곳으로 가게 되면 이 비율이 맞지 않는다. 현실적으로 지구 중심부의 온도를 측정하는 것은 불가능한데, 과학자들의 연구에 따르면 약 3,500℃~4,500℃로 추정된다. 한편, 지구 중심에서의 압력은 약 350만 기압 정도 되며 따라서 1cm² 당 3,500톤의 무게가 작용하는 것과 같다.

다이아몬드

다이아몬드는 지하 500~700km 의 깊이에서 마그마의 상승에 의한 온도와 압력 조건의 변화에 의해 마그마 중에서 결정으로 형성되어 지표로 노출되는 것으로 알려져 있다. 탄소를 주성분으로 하고, 질소나 알루미늄 등이 조금 포함되어 있다.

이아몬드가 발견되었다는 정보도 들어왔지요. 발굴자들은 환호성을 질렀어요. 그동안의 고생에 눈물까지 흘렸지요. 드디어 다이아몬드의 채굴이 이루어지고 다이아몬드는 지상으로 운반되기 시작했습니다. 처음 운반량은 무려 10톤이나 되었지요. 다이아몬드 10톤이라…. 한 나라를 통째로 살 수도 있는 양이랍니다.

그런데 이를 어쩌나요. 대기압의 300만 배 이상의 압력에 눌려 다이아몬드 상태로 있던 것들이 지상에 가까워올수록 그 크기가 줄어들고, 다이아몬드를 담은 운반탱크 안은 다이아몬드 대신에 탄소로 가득 찼습니다.(다이아몬드는 탄소로 이루어진 물질이라는 것은 다 알고 있지요?) 발굴자들은 그것도 모르고 팽팽해진 운반탱크 가까이로 갔습니다. 그러자, '펑!' 하는 폭발음과 함께 운반탱크는 산산조각이 났습니다. 폭발 후 그 자리에는 다이아몬드는커녕 아무것도 없었습니다. 10톤이나 되는 다이아몬드는 모두 탄소로 기체화되어 공중으로 사라졌고, 발굴자들도 다이아몬드는 보지도 못한 채 목숨을 잃었습니다.

당연히 지구 중심까지 판 구멍은 폐쇄되었겠지요. 하지만 얼마 지나지 않아 그 관을 통해 어마어마한 양의 마그마가 분출되었습니다. 거대한 폭발음과 함께 지구에서 가장 큰 화산 활동이 시작되었습니다. 끊임없이 분출되는 마그마는 콜라 반도를 다 덮었고 말할 수 없는 피해를 발생시켰습니다. 다음 해 지구는 화산재로 인한 핵겨울을 맞이했고, 농작물은 냉해 때문에 절반 이하의 생산량으로 뚝 떨어져 수많은 사람들이 굶주림으로 고생하다가 결국 죽고 말았습니다.

쓸데없는 욕심으로 지구에 구멍을 내면 망한답니다. 그리고 지구에 구멍을 내는 일은 엄청난 피해가 예상되는 일이고, 과학·기술적으로 불가능한 일이지요. 아무리 발달된 문명을 지닌 외계인이 있다고 해도 지금까지 밝혀진 지구 내부 구조 물리적인 특성상 구멍을 낼 수는 없습니다. 그런데도 북극에서 남극으로 이어지는 구멍이 있다고 믿는다면 누가 막을 수 있겠어요. 상상은 자유이지요.

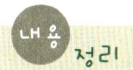

지구 내부 구조

1. 지구 내부 연구

지구 내부를 연구하는 가장 좋은 방법은 직접 땅을 파는 것이지만 현실적으로 어려움이 많다. 과학자들이 가장 많이 이용하는 방법은 지진파 분석인데, 지진에 의해 발생되는 지진파는 지구 내부 깊숙이 전파되고, 암석의 성질에 따라서 지진파의 여러 특성들이 변하게 된다. 그러므로 지진파를 분석하면 지구 내부를 간접적으로 파악할 수 있다.

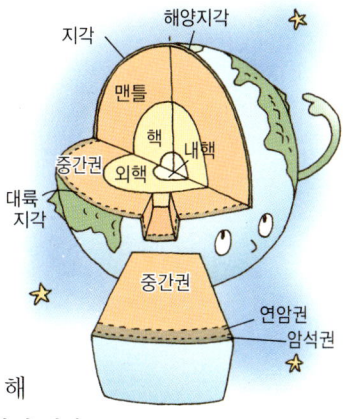

2. 지구의 내부 구조

(1) 지각 – 모호면을 기준으로 상부의 지각을 말하며 대륙지각과 해양지각으로 나뉜다. 지각은 지구 전체 부피의 1% 정도를 차지하며 질량으로는 0.5%도 안 된다.

(2) 맨틀 – 지구 전체 부피의 83%, 질량은 69%를 차지한다. 암석권과 연약권으로 구분한다.

(3) 외핵 – 액체 상태로 되어 있고, 외핵의 존재는 지구 자기장 형성의 원인이 된다.

(4) 내핵 – 내핵은 고체 상태로 추정되고, 구성 물질은 철, 니켈 등이다.

생명 성장의 비밀, 물

물의 극성이 사라지면 어떻게 될까?

울창한 숲으로 가면 키가 큰 나무들이 많이 살고 있습니다. 키가 30m도 훨씬 넘는 나무들도 볼 수 있지요. 뿌리로부터 빨아들인 물이 아득히 높이 보이는 꼭대기의 작은 나뭇잎에까지 운반되는 것을 보면 신기한 생각이 듭니다. 그런데 물의 극성이 사라지면 물은 나무 꼭대기까지 올라갈 수 없다고 합니다. 그렇게 되면 나무는 위에서부터 점점 말라죽을 것입니다. 봄이 와도 개나리는 꽃을 피우지 않고, 사과나무에 사과도 열리지 않아 맛있는 사과를 먹을 수 없게 되겠지요. 식물들은 살아남기 위해 모두 땅에 아주 가까이 붙어 살아야 하겠지요.

❂ 얼음 낚시

찬 바람이 쌩쌩 부는 추운 겨울 호숫물이 어는 것을 본 적이 있나요? 호숫물은 표면부터 얼기 시작하는데, 표면의 얼음층이 오히려 밑에 있는 물의 온도가 더 내려가지 않도록 해준답니다. 따라서 아무리 추워도 물고기들은 얼음층 밑에서 얼어죽지 않고 겨울을 날 수 있습니다. 물론 낚시꾼들이 구멍을 내고 맛있는 지렁이로 그 물고기를 유혹하기도 하지만 말이지요. 그런데 한번 생각해보면 이것도 신기한 일입니다. 왜 물은 위에서만 얼까요?

이것은 물이 '극성'이라는 특별한 성질을 지니고 있기 때문입니다. 물에 극성이 없다면 물은 호수 밑에서부터 얼기 시작하여 전체가 다 얼어 물고기들은 겨울을 나지 못하고 얼어죽고 말 것입니다.

그럼 **물의 극성**에 대해 알아볼까요? 물의 극성이란, 물이 가지는 전기적 특성을 말합니다. 물 분자는 전기적으로 (+)극과 (-)극을 가지고 있는데, 이를 물의 극성이라고 합니다.

물의 극성은 물 분자의 구조적 특징 때문에 생깁니다. 물을 H_2O라고 부르는 것은 다 알지요? 여기서 H란 수소 원자를, O는 산소 원자를 표현하는 기호입니다. 즉, 수소 원자 2개와 산소 원자 1개가 모여 물 분자 1개를 만든다는 의미이지요.

이때 산소 원자를 중심에 두고 양쪽에 수소 원자가 104.5°의 각도로 벌어져 있는데, 이 각도가 가지는 의미도 매우 중요합니다. 이 각도가 조금만 더 벌어지거나 오므라지면 물의 성질에 변화가 생겨 자연계의 기본 질서가 흐트러집니다. 이 각도에 지구 생명체들의 목숨이 걸려 있는 셈입니다.

또한 물 분자에서 전자를 끌어당기는 힘의 세기가 큰 산소 쪽은 (-)극을, 힘이 약한 수소 쪽은 (+)극을 띠는데, 이 때문에 물이 극성을 가지게 되는 것입니다. 따라서 물 분자들의 결합은 (+)극과 (-)극이 서로 강하게 붙어 있는 형태로

Click!

물의 극성
http://210.95.24.129/%7Ekwon
5799/data/112.htm

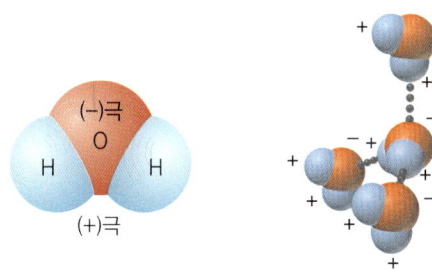

⬆ 물 분자의 기본 구조　　⬆ 물 분자끼리의 결합(수소 결합)

수소 결합
2개의 원자 사이에 수소 원자가 들어감으로써 생기는 화학 결합으로, 물, 암모니아, 아세트산 등이 있다. 끓는점이 높을수록 분자 간의 힘이 세어지는 특징이 있다.

● 풀잎 끝에 맺힌 이슬

Click!

표면 장력
http://seis.scienceall.com/book_file/ke15/ke015-134.htm

이루어지는데, 이를 **수소 결합**이라 합니다. 이 결합은 매우 강한 인력으로 작용하고 있고, 물이 가지는 성질은 여기에서부터 출발합니다.

물 분자가 가지는 극성, 이 성질 때문에 물 분자들은 강한 결합력을 가지게 된다고 했는데, 이것이 의미하는 것은 무엇일까요? 물 분자의 극성은 물이 가지는 여러 가지 특성의 원인이 되는데, 물의 특성으로는 표면 장력, 모세관 현상, 끓는점과 녹는점, 비열, 용해 등을 들 수 있습니다.

물의 표면장력

컵에 물을 조심스럽게 따르다 보면 컵의 부피보다 더 많은 양의 물을 부었는데도 넘치지 않고 끝 부분이 둥글게 되는 것을 볼 수 있습니다. 이런 현상은 물의 **표면 장력** 때문에 나타나는데, 물의 표면보다는 그 아래쪽 물 분자들의 인력이 강하기 때문에 나타나는 현상입니다. 따라서 물의 극성이 사라지면, 물의 표면 장력이 사라지겠지요? 이렇게 되면 제일 불쌍할 놈이 '소금쟁이'입니다. 소금쟁이가 물 위를 걸어다닐 수 있는 것은 물의 표면 장력 때문인데, 이것이 없어진다면 모두 물에 빠져 물고기 밥이 되는 운명이 될 수밖에 없습니다. 또 시인들은 더욱 외로워지겠지요. 새벽녘 풀잎에 맺힌 이슬을 볼 수 없을 테니까요. 물의 표면 장력이 없어지면 물이 동글동글 뭉치지 않기 때문에 '아침 이슬' 같은 멋진 말은 생기지도 않았을 것입니다. 아빠가 노래방에서 항상 부르는 〈아침 이슬〉이라는 노래도 없었겠지요. 비눗방울도 생기지 않을 테니까 아이들은 아이들 나름대로 서운해 할 것이고….

● 물 위를 다니는 소금쟁이들

물의 모세관현상

더욱 중요한 것은 **모세관 현상**이 일어나지 않는 것이랍니다. 이것은 모세관의 내부 면과 물과의 부착력에 의하여 물이 올라가면, 표면 장력에 의해 다시 물이 뭉치는 현상이 반복되어 물이 높은 곳까지 올라가는 원리인데, 지구상의 모든 식물들이 이 원리를 이용하여 물을 흡수하고 있습니다. 때문에 표면 장력이 없어지면 지구 식물들은 생존의 가장 큰 수단을 잃어버리게 됩니다. 지구에 있는 대부분의 식물이 멸종할 수 있는 큰일 중의 큰일이 아닐 수 없습니다.

모세관 현상
단면의 크기가 매우 작은 관을 따라 물이 올라가는 현상

물의 끓는점과 녹는점

물의 극성이 사라지면, 물의 끓는점과 녹는점(어는점)이 높아지게 됩니다. 극성 때문에 물 분자들은 서로 강하게 잡아당기고 있는데, 이 힘이 없어지니까 물이 100°C가 아니라 50~60°C 쯤에서 끓을 수도 있습니다. 물의 끓는점이 낮아지면 밥을 비롯하여 음식물들이 익지도 않은 상태에서 부글부글 끓을 테니까, 매일 설익은 음식을 먹어야 할 것입니다. 좀 끔찍한 말이긴 한데, 찜질방의 황토방 같은 데 들어가면 피가 끓는 일이 생길 수도 있습니다. '피끓는 젊음'이라는 말이 문학적 표현이 아니라 실제로 일어날 수 있다는 것이지요. 게다가 물이 알코올처럼 쉽게 증발하여, 빨래는 잘 마르겠지만, 사람들은 눈, 코, 입만 빼고 모두 비닐로 덮고 살아야 할 것입니다. 그렇게 하지 않으면 피부를 통해 물이 금방 증발할 테니까요. 세상은 온통 뿌연 안개로 뒤덮이고, **계절풍**의 세기가 훨씬 세어질 것입니다.

지구 표면의 $\frac{3}{4}$을 덮고 있는 바닷물은 오래 전부터 그 양의 변화가 크지 않답니다. 바닷물의 표면에서 증발이 일어

여기서 잠깐!

계절풍

계절풍(여름)

계 절풍은 대륙과 해양의 온도 차이에서 발생한다. 여름에는 대륙이 따뜻해져 육지에 저기압 중심이 생겨 해양에서 이 저기압 중심을 향해 바람이 불어온다(남동 계절풍). 반대로 겨울에는 대륙의 기온이 내려가면서 추워져 시베리아 고기압처럼 큰 고기압이 형성되고 그곳에서 해양을 향해 바람이 불게 된다(북서 계절풍). 일반적으로 겨울에 대륙에서 불어오는 겨울 계절풍이 바다에서 불어오는 여름 계절풍보다 강하다.

나고 이것이 비가 되어 다시 내려오는 순환을 하고 있기 때문이지요. 그런데 물에 극성이 없다면 물의 증발은 더욱 빨리 일어나게 되고, 대기 중 수증기의 양이 지금보다 훨씬 많아져 한번 비가 오면 엄청나게 내리고, 태풍도 지금보다 훨씬 큰 위력을 지니게 될 것입니다. 사람이 살기에 너무 힘들 정도로 말이지요.

물의 녹는점이 높아지면, 물은 0°C가 아니라 더 높은 온도에서 얼음으로 변할 수 있습니다. 이렇게 되면 조금만 추워도 몸속의 피가 어는 일이 생길지도 모릅니다. '피가 언다…' 상상하기 힘든 일이지요. 다른 생물체들도 마찬가지일 것입니다.

물의 비열

물의 극성이 사라지면, 또 무슨 일이 생길 수 있을까요? 물의 **비열**이 작아집니다. 비열이 작아지면 물은 금방 데워지고 금방 식을 것이며, 그러면 사람의 체온 변화도 매우 심할 것입니다. 우리의 몸이 금방 더워지고 금방 추워지니까

비열
물 1g을 1°C 높이는 데 필요한 열량

부지런히 옷을 입었다 벗었다 해야겠지요. 따라서 난방 장치나 에어컨에 대한 의존도가 지금보다 훨씬 높아집니다. 지구는 물로 덮여 있어 다른 행성에 비해 온도차가 심하지 않는데, 이것도 달라집니다. 지구의 기후에 많은 변화가 생겨, 추운 지방은 더 추워지고 더운 지방은 더 더워질 것입니다.

물의 밀도

다른 물질과는 다르게 물은 액체에서 고체가 될 때 밀도가 낮아집니다. 왜냐하면 물이 얼 때에는 극성 때문에 물 분자가 육각형을 이루고, 육각형 결정 사이에 빈 공간이 많이 생기기 때문이지요. 따라서 얼음은 물보다 가벼워 물 위에 뜨게 됩니다. 그런데 물의 극성이 사라지면 이와 반대되는 현상이 생길 것입니다. 얼음이 물보다 무겁게 되어 많은 양의 빙하가 바다 밑으로 가라앉아 해수면의 높이가 지금보다 훨씬 높아질 것입니다. 물이 얼면서 생긴 얼음 입자가 물보다 무거워 바닥으로 가라앉고 이 때문에 호수는 바닥부터 얼기 시작하므로 물고기들이 모두 얼어죽을 것입니다.

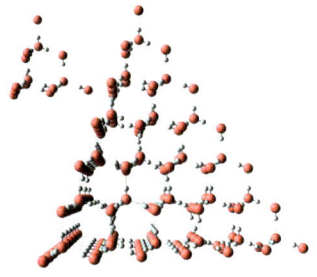
● 얼음 분자의 육각형 구조

물의 용해도

우리가 물로 몸을 씻는 것도 물이 가진 극성 때문에 가능합니다. 물의 극성은 다양한 물질을 잘 녹이는데, 우리 몸이나 빨래의 때도 잘 녹이지요. 그런데 물의 극성이 없어지면 목욕의 즐거움도, 깨끗한 옷을 입는 상쾌함도 느낄 수 없게 됩니다. 사람들은 모두 벤젠과 같은 매우 유독한 액체를 이용하여 목욕을 하거나 빨래를 해야할 것입니다. 잘못하다간 목욕하다가 불에 타 죽는 비극이 생길지도 모릅니다. 또 커피나 크림이 물에 섞이지 않을 테니, 향기로운 커피나 각종

차도 마시지 못하겠네요. (아침 식사 후 향긋한 커피 한 잔을 마시기 좋아하는 우리 엄마, 큰일 났습니다요.)

결론적으로 극성이 사라지면 물이 물의 역할을 할 수가 없는 셈이지요. 우리 몸에서 물은 혈액과 **조직액**을 이루어 각종 영양분과 산소를 공급하고 노폐물을 제거하며 체온 조절을 하고 있습니다. 이 때문에 물이 1~2%만 부족해도 심한 갈증을 느끼고, 5%가 부족하면 혼수 상태가 되고, 10%가 부족하면 사망에 이르는데, 물의 극성이 사라져 물이 제 역할을 하지 못한다면 지구는 더 이상 아름다운 생명체들의 낙원이 될 수 없을 것입니다. "물이여, '극성'을 끝까지 사수하라."라며 매일 기도해야겠습니다.

조직액
동물의 몸에 있는, 혈액과 림프를 제외한 액체 성분으로, 혈액으로부터 산소와 양분을 받아 세포에 공급하고, 세포로부터는 이산화탄소와 노폐물을 받아 혈액에 넘겨주는 역할을 한다.

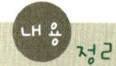

물

지구에 있는 모든 생명체의 시작은 물이다. 대부분의 생물체는 50~80%가 물로 이루어져 있으며, 생명체 내부에서 일어나는 대부분의 화학 반응은 물이 없으면 일어나지 않는다.

1. 물의 극성

물은 수소 원자 2개와 산소 원자 1개가 공유 결합을 하고 있고, 수소와 산소 원자가 내어놓은 전자를 산소 쪽에서 더 많이 끌어당기기 때문에 극성을 띤다. 이 때문에 물은 여러 가지 특성을 가진다.

2. 물의 특성

(1) 강한 표면 장력을 가지고 있다

물과 공기 사이에는 수소 결합이 형성되지 않지만 표면의 물 분자 사이에는 수소 결합이 쉽게 형성되어 물 표면에 상당히 강하고 탄력 있는 막이 형성되는데, 이 때문에 표면 장력이 강하다. 물이 빗방울을 이루는 것도 표면 장력 때문이다.

(2) 모세관 현상을 일으킨다

물은 물체의 표면에 붙는 성질이 있다. 유리관에 물을 부으면 관 안쪽 표면의 물높이가 더 높게 올라오며 이런 현상은 직경이 작을수록 뚜렷하게 나타난다. 이런 것을 '모세관 작용'이라고 하며, 물이 유리관에 대한 부착력과 물 분자 간의 응집력에 의해서 일어난다.

(3) 비열이 크다

물은 비열이 크기 때문에 열을 가해도 다른 물질에 비해 온도가 잘 변하지 않는다. 즉, 물은 가열하기도 어렵고 또 일단 가열해놓으면 잘 식지도 않는다.

(4) 용해도가 강하다

물은 다른 물질을 녹이는 성질이 매우 강하며, 어느 한 물질이 녹으면 다른 물질을 더 잘 녹이는 특이한 성질을 가지고 있다.

(5) 물이 얼면 부피가 늘어난다

대부분의 물질은 온도가 낮아지면 부피도 작아진다(샤를의 법칙). 그러나 물은 $4°C$까지는 부피가 작아지지만 그 이하로 냉각시키면 부피가 다시 증가한다. 부피가 증가하면 밀도가 작아져서 물보다 가벼워진다. 얼음이 물에 뜨는 이유나 호수가 위에서부터 어는 이유는 이 때문이다. 만일 다른 물질처럼 얼어도 부피가 작아진다면 호수는 바닥에서부터 얼기 시작할 것이고 그러면 수중 생물은 존재하지 않을 것이다.

(6) 삼투 현상이 있다

삼투현상이란 물이 선택적 투과성 막을 통하여 농도가 낮은 곳에서 높은 곳으로 이동하는 현상을 말한다. 이 때문에 물은 쉽게 세포의 원형질막을 통과할 수 있고 이런 물의 삼투현상은 생명체의 유지에 중요한 역할을 한다.

27

신의 입자

온도를 아주 낮추면 어떻게 될까?

구슬 아이스크림을 먹어 본 적이 있나요? 맛은 일반 아이스크림과 별로 차이가 없는데, 동글동글한 구슬 모양의 아이스크림이 입 안에서 녹는 느낌은 색다릅니다. 구슬 아이스크림은 어떻게 만들까요? 그 핵심은 급속 냉각에 있습니다. 급속 냉각이란 아주 빠르게 얼리는 것을 말합니다. 액체 상태의 아이스크림 원료를 방울 모양으로 떨어뜨리는데, $-199.5°C$의 아주 낮은 온도에서 2초 만에 냉동시켜야 구슬 모양의 아이스크림을 만들 수 있다고 합니다. 이것은 다른 아이스크림을 얼리는 시간보다 20배나 빠른 속도입니다. 구슬 아이스크림은 만들어진 후에도 $-50°C$의 온도에서만 구슬 모양을 유지할 수 있다고 합니다.

구슬 아이스크림에서 볼 수 있듯이 온도를 매우 낮추면 우리가 일반적으로 생각하지 못한 일들이 일어납니다. 그럼, 온도는 어느 정도까지 낮출 수 있고, 가장 낮은 온도는 몇 $°C$일까요? 그리고 온도를 아주 낮추었을 때 일어나는 일에는 어떤 것이 있을까요? 먼저, 가장 낮은 온도에 대해 알아보도록 합시다.

과학자들은 가장 낮은 온도를 **절대 온도**라 하고 이를 $0K$(켈빈)로 표시하였습니다. 이 온도는 기체 분자의 운동에너지가 0이 되는 온도이며, 우주에서 가장 낮은 온도라 하여 온도의 시작점이라고 한답니다. 우리가 흔히 말하는 섭씨 온도로 표시하면 $-273°C$가 됩니다. 수많은 과학자들

절대 온도
열역학 제2법칙에 따라 정해진 온도로, 켈빈 온도 또는 열역학적 온도라고도 한다. 기호는 이를 발견한 과학자 켈빈을 기념하기 위해 K(켈빈)를 사용한다. 절대 영도는 열역학적으로 생각할 수 있는 최저 온도로서 분자의 열운동은 이 온도에서 완전히 정지된다.

이 이 온도를 실험적으로 구현하기 위해 다양한 노력을 하고 있지만 아직까지는 절대 온도인 0K를 실제로 경험할 수는 없습니다.

그러면 현재 과학자들은 어느 정도까지 온도를 낮추었을까요? 현대 과학으로는 0.001K까지 내릴 수 있다고 합니다. 이렇게 온도를 낮추는 방법도 우리가 생각하는 것과는 아주 다른 과학적인 방법을 사용합니다.

예를 들면 레이저 냉동법이라는 것이 있습니다. 이것은 레이저로 분자 입자를 쏘는데, 여러 방향에서 동시에 쏘아 입자를 움직이게 못하게 합니다. 온도는 물질의 분자 운동 에너지에 비례하는데, 이렇게 되면 분자가 움직이지 못하므로 온도가 아주 낮아지게 되는 것이지요. 이 방법은 노벨상을 받았으며, 아주 좁은 영역에서 0.4K까지 낮출 수 있다고 합니다. 이로 볼 때 온도를 낮추는 일은 아주 어렵고 돈이 많이 드는 일이라는 것을 알 수 있습니다.

우리는 여기서 온도를 아주 많이 낮추면 어떤 현상이 일어나는지 살펴보기로 합시다.

물질이 잘 부서진다

1986년에는 미국의 우주 왕복선 챌린저 호가 이륙한 지 얼마 되지 않아 폭발하여 승무원 일곱 명이 모두 사망한 사건이 있었습니다. 이후 조사에서 원인은 기계 부속품 중 일부 고무 덮개가 찬 기온으로 굳어져 부서진 것으로 밝혀졌

여기서 잠깐!
온도를 낮추는 방법에는 어떤 것이 있을까?

가장 일반적인 방법으로 공기를 갑자기 팽창시켜 온도를 낮추는 방법이 있다. 공기를 팽창시키는 그 자체로도 온도를 내릴 수 있기 때문이다. 기체의 부피가 커졌다는 것은 외부에 일을 해 에너지를 사용했다는 것인데, 여기에 에너지 공급을 중단시키면 저절로 온도가 내려간다. 이러한 원리는 우리가 집에서 사용하는 냉장고의 온도를 낮추는 데 쓰이고, 자연 상태에서는 구름이 형성되는 원리와 동일하다. 또 다른 방법으로 암모니아나 프레온 가스 같은 냉매를 이용하여 온도를 낮추기도 한다.

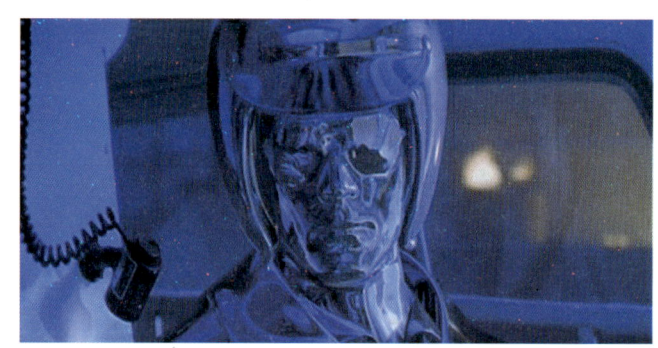

● 영화 〈터미네이터 2〉에 나오는 금속 로봇 T-1000

액체 질소
기체 상태의 질소를 −196℃ 온도로 낮추면 액체 상태가 된다. 액체 질소는 무색 투명하며 유동성이 크고, 화학·철강·전자공업 등 많은 분야에서 많이 이용되고 있다. 특히, 식품 공업에서는 안전한 냉동용 액체로 사용된다.

Click!
초전도 물질
http://cyberschool.co.kr/html/text/gtgh/gtchm/modern/super.htm

습니다. 그리고 영화 〈터미네이터 2〉에서는 악당 로봇 T-1000이 유리처럼 부서지는 장면이 나오는데, 이것은 **액체 질소**에 의해 온도가 아주 낮아졌기 때문입니다.

건전지 1개를 평생 쓸 수 있다

자석이 되기 힘든 물체에 아주 강한 자기장을 주면, 그 순간 온도가 0.001K까지 내려간다고 합니다. 이 순간 전류에 흐르는 저항은 0에 가까워집니다. 이것이 '초전도 현상'입니다. 초전도 현상에서는 저항이 아주 작기 때문에 전기 에너지 사용의 효율성이 아주 높아집니다. 이 연구가 완벽하게 이루어져 건전지에 적용된다면 건전지 1개로도 평생을 사용할 수가 있습니다. 또한 **초전도 물질** 상태의 전선을 사용한다면 전력이 부족할 일이 없기 때문에 에너지 걱정이 사라질 것입니다. 그러나 아직 기술적으로 실현하기에는 매우 어려운 단계에 있어 시간이 많이 필요한 일입니다.

꿈의 전자 제품을 사용할 수 있다

모든 전자 제품에는 **트랜지스터**가 들어갑니다. 트랜지스터는 매우 많은 수의 전자들로 작동합니다. 그러므로 이 전자들을 움직이게 하기 위해서는 에너지가 많이 들어갑니다. 그러나 온도를 아주 낮추어주면 기술적으로 단 한 개의 전자만으로도 트랜지스터를 만들 수 있습니다. 이를 SET(Single Electron Transistor)라고 하는데, 전자 하나를 컨트롤하여 트랜지스터를 만들 수 있는 것이지요. 미래의 전자 소자로 각광받는 기술이기는 하나 아직 초저온에서만 작동하고, 회로를 만들기가 어려워 다양한 개발 노력이 필요합니다.

트랜지스터
전기 신호의 증폭 작용을 하는 전자 제품의 구성 요소로 진공관을 대신하여 전자 제품의 소형화에 이바지하였다.

원자의 속도가 느려져 원자의 위치를 조정할 수 있다

우리가 생활하는 온도에서 원자들은 제트 비행기의 속도만큼 빠르게 진동하고 있습니다. 그러나 온도를 아주 낮추면 원자들의 움직임이 느려지는데, 그 속도를 100만 배나 늦출 수 있다고 합니다. 또한 절대 온도 0도에서는 모든 원자들의 운동이 정지하게 되므로 원자들의 위치를 임의로 조절할 수 있습니다. 이 원리를 이용하여 미국 IBM의 아이글러 박사 연구팀은 초저온에서 27개의 크세논 원자를 일렬로 움직여 'IBM'이라는 글자를 만들어 보이기도 했습니다.

🔷 크세논 원자로 쓴 IBM이라는 단어. 여기에는 초저온 기술이 이용된다.

신의 입자를 발견하는 데 이용된다

우주 비밀의 열쇠 '**신의 입자**'를 찾기 위한 초대형 프로젝트가 핵 연구를 위한 유럽 조직(CERN)을 중심으로 세계 80여 개국 500개 대학 6,500명의 과학자들이 참여한 가운데 진행되고 있습니다. '신의 입자'는 우주의 생성 원리를 밝히는 데 매우 중요한 입자를 가리키는 말입니다. '신의 입자'가 규명되면 물체가 왜 질량을 갖게 되는지를 해명할 수

Click!

신의 입자
http://www1.kisti.re.kr/%7Etrend/Content440/physics04.html

○ 초코파이를 생산하는 데에도 초저온 기술이 이용된다.

있고, 아울러 원자가 작용하는 원리를 규명함으로써 지구 탄생과 별, 행성, 성운의 비밀도 풀 수 있게 됩니다. 이러한 '신의 입자'를 발생시키기 위해서는 초대형 입자 충돌 과정이 필요한데, 이때도 초저온 기술이 필요합니다. 절대 온도 0K(−273°C)보다 1.8°C 높은 초저온을 유지해야 하는데, 그 까닭은 이 온도가 우주에서 가장 낮은 온도이기 때문입니다.

아참, 그리고 초저온 기술은 우리가 좋아하는 초콜릿 과자 초코파이를 만드는 데도 이용됩니다. 초코파이의 원료가 초콜릿 속으로 퐁당 빠져 초콜릿으로 코팅된 후, 형태를 고정시키기 위해 순간적으로 초저온 냉각기 바람을 쐬어야 한다고 합니다. 아무튼 아주 낮은 온도에서 일어나는 일이 이렇게 다양하다니 놀라울 뿐입니다.

내용 정리

1. 극저온과 초전도 현상

금속의 전기 저항은 절대 온도에 비례해서 커지거나 작아진다. 즉, 금속의 온도를 아주 낮추면 전기 저항이 급속도로 작아진다. 예를 들면 수은, 알루미늄, 납 등의 물질은 절대 영도(−273℃) 부근까지 내려가면 돌연 전기 저항이 없어져 버린다. 이런 현상을 '초전도'라고 한다.

2. 초전도 현상의 응용

초전도 현상은 이미 자기 부상 고속 열차와 핵융합 발전 등에 이용이 가능하므로 중요한 과학 기술의 기반이 된다. 초전도 상태의 물질은 보통의 물체와는 달리 그 내부에 자력선을 통과시키지 않는 성질이 있다. 이 때문에 초전도체에 자석을 접근시키면 자석은 강한 반발력을 받게 된다. 초전도 물질 위에 자석을 놓으면 자석은 그대로 떠 있다.

만약 초전도 현상이 극저온이 아닌 평상시의 온도에서 실현된다면 응용 분야가 많고 특히 에너지 이용의 효율성이 극대화되기 때문에, 현재 이에 대한 연구가 다양하게 이루어지고 있다.

28

소리로 찍는 사진

소리를 눈으로 볼 수 있다면 어떻게 될까?

앞을 보지 못하는 사람들을 위하여 신호등에 소리를 내는 장치가 붙어 있는 것을 본 적이 있습니다. 그 소리에 의지하여 길을 건너는 사람들을 볼 때마다 안쓰럽다는 생각이 듭니다. 왜냐하면 도시의 소음에 보행 신호가 묻혀버리거든요. 사람이 소리를 볼 수 있다면 얼마나 좋을까요?

아기를 임신한 젊은 부부가 산부인과 문을 나서며 다정하게 뭔가를 보고 있습니다. 그것은 초음파를 이용하여 찍은 태아의 사진입니다. **초음파 검사**를 이용하면 임신부나 태아에게는 아무런 해를 주지 않으면서도 태아의 자라는 모습을 볼 수가 있습니다. 손가락, 발가락이 제대로 붙어 있는지, 심장은 제대로 뛰고 있는지 등을 진단할 수 있습니다. 또 태반의 위치, 자궁의 이상 등도 알 수 있다고 합니다. 초음파를 사진으로 표현할 수 있다니 참 신기한 일이지요. 초음파를 사진으로 나타낼 수 있다면 음파(소리)도 사진이나 그림으로 나타낼 수 있지 않을까요?

음파와 초음파는 어떻게 다를까요? 음파(소리)는 매질의 진동에 의해 전달되는 파동입니다. 북을 치면 소리가 나지요? 꽹과리를 치면 꽹과리의 얇은 금속 부분(매질)이 진동하고, 그 진동이 공기를 진동시키고, 공기는 사람의 고막을

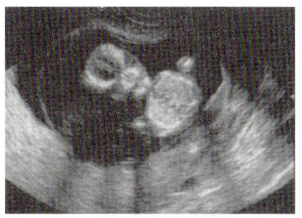

○ 태아 사진

Click!

초음파 검사
http://www.endoscopy.co.kr/inspection/5.php

진동수
단위 시간 내에 똑같은 상태가 되풀이 되는 횟수

진동시킵니다. 이 진동을 뇌가 판단하여 꽹과리의 소리를 인식합니다. 그러나 사람의 고막은 꽹과리가 내는 모든 영역의 음파를 다 듣지는 못한답니다. 우리가 들을 수 있는 음파를 흔히 소리라고 하고, 듣지 못하는 음파 중 **진동수**가 높은 부분을 초음파라고 합니다. 그러므로 초음파는 음파의 일부 영역이라 할 수 있습니다. 초음파는 일반적으로 20,000Hz (Hz는 1초 동안 진동하는 횟수) 이상으로 진동수가 매우 높은 음파입니다. 사람이 들을 수 있는 음파의 영역은 20~20,000Hz인데, 초음파는 그보다 높은 진동수를 가지고 있습니다. 사람이 초음파를 듣지 못한다는 것은 사실 듣지 못하는 것이 아니라 사람의 고막이 초음파의 진동수를 감지하지 못하는 것입니다. 즉, 초음파의 빠른 진동을 사람의 **고막**이 따라잡을 수 없다는 말입니다. 그러므로 초음파는 어떤 특별한 성질을 가진 파가 아니라 그냥

여기서 잠깐!

고막과 청각

사람이 소리를 알아듣는 과정은 귓바퀴로 외부의 소리를 모으고, 이 소리가 귀 안으로 들어가 고막을 진동하는 것이다. 고막은 탄력이 뛰어난 아주 얇은 막으로, 공기 입자의 미세한 진동까지 감지할 수 있다.

고막 안쪽에는 아주 작은 세 개의 뼈로 구성된 청소골이 있는데, 이것은 오디오의 앰프와 같이 소리를 증폭시킨다. 증폭된 소리는 귓속 더 깊은 곳에 있는 달팽이관으로 전달되며, 이 속에 있는 수만 개의 미세한 세포가 음파라는 물리적 에너지를 전기 신호로 변환시킨다.

달팽이관에서 변환된 전기 신호는 다시 청신경을 통해 뇌로 전달되며, 뇌에선 그 같은 전기 신호를 해석하여 소리의 의미를 알아낸다. 예를 들어 '사랑해'라고 말할 때 발생하는 음파가 달팽이관에서 '110011'이란 전기 신호로 바뀌어 뇌에 전달되면, 뇌는 '110011'을 '사랑해'란 의미로 이해하게 된다.

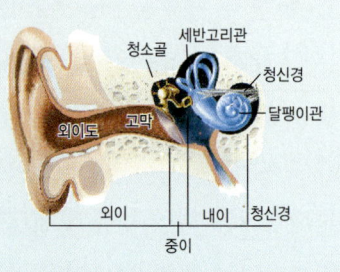

귀의 구조

우리가 못 듣는 소리일 뿐입니다. 고막이 아주 예민한 사람이 있다면 들을 수도 있는 것이지요. 따라서 일반 음파, 즉 소리와 초음파는 본질적으로 차이가 있는 것은 아니랍니다.

초음파를 이용하여 살아가는 동물들이 있습니다. 대표적인 예가 박쥐와 돌고래이지요.

박쥐가 사용하는 주파수는 20,000~100,000 Hz입니다. 박쥐는 이 주파수의 초음파를 매초 10~20번 내고, 부딪혀 되돌아오는 초음파를 듣고 어두움 속에서 길을 찾아 날아다니고 모기나 파리 같은 작은 먹이를 잡아먹습니다. 돌고래도 마찬가지인데, 돌고래는 그보다 주파수가 넓어 약 170,000 Hz까지의 초음파 영역을 이용하는 것으로 알려져 있습니다. 주파수가 높은 소리일수록 더욱 세밀한 부분까지 파악할 수 있습니다. 돌고래는 이 초음파를 이용하여 물속에서 장애물을 피하고 물고기를 잡아먹습니다.

박쥐나 돌고래를 오래 연구한 과학자들은, 이들 동물의 뇌 어느 부분에는 초음파를 그림으로 바꾸는 기능을 하는 영역이 있다고 말합니다. 마치 초음파를 이용해 태아의 모습을 사진으로 나타내는 것과 같은 일을 하고 있는 것이지요. 따라서 박쥐나 돌고래는 눈으로 보는 것이 아니라 귀로 본다고 말할 수 있습니다.

사람들은 이런 박쥐나 돌고래의 초음파 청취 기능을 응용하고 있습니다. 대표적인 예가 어군 탐지기와 음향측심기입니다. 어군 탐지기는 배 아래에 장착된 장비를 이용하여 초음파를 물속으로 내보냅니다. 이러한 소리의 파동이 바닥이나 바위, 물고기 무리 등에 부딪히면 파동은 반사되어 되돌아오는데, 이 자료를 탐지기 LCD 화면에 영상으로 표시합니다. 실제로 나타나는 화면은 정확한 형태가 아니라 밝은 점의 무더기로 표현됩니다. 숙련된 전문가들은 그 그림을 보고 어느 방향에 어느 정도의 물고기 떼들이 몰려다니고 있는지, 아니면 그것이 바다의 바윗돌인지 구분합니다. 기계의 성능이 계속 발달하다보면 언젠가는 탐지기 화면에 물고기 모습이 또렷하게 나타나겠지요.

음향측심기는 초음파를 이용하여 바다의 깊이를 재는 기계입니다. 어군 탐지기와 비슷한 원리를 이용하는데, 음향측심기를 배에 장착하고 항해하면 바다의 깊이뿐만 아니라 해저의 모습을 그래프로 나타낼 수 있고, 여기에 컴퓨터를 이용하면 제법 입체적인 지형을 나타낼 수 있습니다.

박쥐나 돌고래는 초음파를 이용한 머릿속 그림으로 길을 찾고 먹이를 잡으며, 어군 탐지기나 음향측심기 등은 정확하지는 않지만 우리가 직접 확인할 수 없는 물체를 영상으로 표현해준다고 했습니다. 그렇다면 진동수만 낮을 뿐 본질적으로 차이가 없는 소리를 영상으로 나타내고, 그것을 볼 수 있지 않을까요? 소리를 볼 수 있다면 어떤 일이 일어날까요? 이것은 앞이 보이지 않는 사람들에게 가장 반가운 소식이 될 것입니다. 앞에 자동차가 다가오는 소리를 귀로 듣고 그것을 마치 눈으로 보는 것처럼 머릿속에 정확한 화면으로 떠올린다면 더 이상 바깥 세계가 두렵지 않을 것입니다. 사랑하는 사람이 있다면, 소리를 질러 반사되어 오는 소리를 영상으로 떠올릴 수 있으니까 더 기쁜 일이 되겠지요. 소리가 빛보다 느리기 때문에 정상인들보다 늦게 본다는 점 외에 별 차이가 없을 것입니다. 텔레비전이나 영화를 볼 때, 화면에 등장하는 형태나 색을 표현하는 소리를 따로 삽입시킨다면 맹인들도 텔레비전이나 영화를 감상할 수 있을 것입니다.

소리를 볼 수 있다면 정말 환상적인 경험을 할 수 있을 것입니다. 비발디의 〈사계〉를 들으면 아름다운 사계절의 모습이 그대로 나타날 것이고, 멀리 숲 속에서 들리는 새소리는 소리뿐만 아니라 그 소리를 내는 예쁜 새의 모습까지 함께 볼 수 있을 것입니다. 또 먼 나라에서 일하시는 아빠의 목소리만 들어도 아빠의 모습을 볼 수 있겠지요.

하지만 안 좋은 점도 있습니다. 도시에 사는 사람들은 여러 가지 소음이 모두 그림으로 보여 머릿속이 엄청 복잡해질 것입니다. 만약 수업 시간에 친구들이 와글와글 떠든다면, 그 소리들이 모두 머릿속에 그림으로 나타나 공부를 하고 싶어도 공부할 수 없는 상황도 일어날 것입니다.

내용정리

소리(음파)

소리는 물체의 진동에 의해 생성되어 다른 물질(기체·고체·액체)의 진동으로 전파된다. 진동 간격이 좁으면 높은 소리가 되고 넓으면 낮은 소리가 되며, 공기를 밀어내는 압력이 크면 큰 소리가 된다. 우리 인간이 들을 수 있는 소리의 한계는 주파수 20~20,000 Hz 범위로, 크기로는 0~130dB이며 나이, 성별, 주변 환경 등에 따라서 감지하는 범위가 틀려진다.

초음파

초음파란 사람이 들을 수 있는 소리인 가청 주파수를 넘는 진동수 20,000Hz 이상인 음파를 말한다. 초음파는 파장이 매우 짧고 지향성이 강하여 초음파 세척기, 초음파 용접, 초음파 단층 진단 등에 활용되고 있다.

바다 인간의 탄생

오존층이 없어지면 어떻게 될까?

"혁신적인 기술의 자외선 차단 성분 함유로 자외선 차단 효과를 빨리 가져오고, 마이크로 에멀션 타입으로 잘 퍼지고 빨리 스며들어 산뜻한 사용감이 있어요. 비타민E, 보습 성분 함유로 피부 보호가 피부 과학적으로 입증된 제품입니다." 이것은 어린이용 화장품 선전에 들어 있는 말입니다. 어린이용 화장품은 멋을 내기 위한 것이 아니라 여름철 따가운 자외선으로부터 피부를 보호하기 위해서 사용하는 것입니다.

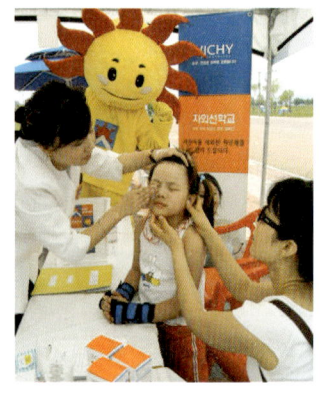

○ 어린이들에게 자외선 차단제를 발라주는 행사를 하고 있는 화장품 회사 직원들

Click!
자외선
http://uvindex.metri.re.kr

엄마, 아빠들은 어렸을 때 **자외선**이라는 말도 모르고 살았습니다. 뙤약볕 밑에서 새까맣게 그을리면서 놀아도 아무렇지 않았습니다. 그런데 지금은 그렇게 하면 안 된다고 합니다. 자외선에 많이 노출되면 화상을 입을 수 있으며 피부 노화가 빨리 진행되고 기미와 주근깨가 짙어진다고 합니다. 또 심할 경우 피부암에 걸릴 수도 있다고 합니다. 따라서 해로운 자외선을 막기 위해서 반드시 자외선 차단제가 포함된 화장품을 사용해야 한다고 난리들입니다. 또 자외선 차단제는 외출하기 30분 전에 발라야 효과가 있으며 양이 좀 많다고 할 정도로 꼼꼼히 발라야 합니다.

해로운 자외선은 어디에서 오는 것일까요? 모두가 알고 있는 것처럼 우리가 매일 보는 태양에서 옵니다. 지구에 오는 자외선 중에 UV-B(280~320nm)라고 이름이 붙은 자외선은 인체의 피부와 눈에 해롭고, 우리 몸의 면역체와 비타민 D의 합성에 나쁜 영향을 미친다고 합니다. 특히 290nm의 자외선은 다른 자외선보다 돌연변이와 피부 종양을 일으키는 영향이 1,000배나 크다고 합니다.

보통 일이 아니지요. 그런데 옛날에는 그렇지 않았는데 지금은 왜 더 심해진 것일까요? 그 이유는 바로 오존층의 파괴에 있습니다. 우리 지구를 감싸고 있는 대기권 중에 성층권이라고 하는 공기의 층이 있습니다. 그 중에서 **오존**이 밀집되어 있는 층이 있는데 이를 오존층이라고 합니다. 지표에서 25km쯤 떨어진 곳입니다. 이 오존층은 태양으로부터 방출되는 자외선을 흡수하여, 지구의 생명체를 자외선의 피해로부터 보호해주는 역할을 합니다. 어떤 과학자는 오존층이라는 보호막이 걷히면 "지구의 생물은 마치 철판구이 위에 올라 있는 바다가재의 신세"가 될 것이라고 했습니다.

그런데 이 오존층이 없어지면 사람의 피부만 상하는 것일까요? 아닙니다. 사실 오존층은 더 큰 일을 하고 있습니다. 오존층이 없어지면 지구는 큰 어려움에 빠지게 됩니다. 그러면 실제 오존층이 없어지면 어떤 일이 발생하는지 살펴볼까요?

○ 자외선 차단 창이 부착된 유모차

오존
특유한 냄새 때문에 '냄새를 맡다'를 뜻하는 그리스어 ozein을 따서 이름을 붙였다. 특이한 냄새가 나며, 공기 속에 0.0002%만 존재해도 냄새를 감지할 수 있다고 한다. 살균 작용에 의한 음료수 소독, 표백 등에 사용된다. 인체에 독성이 있어 장시간 흡입하면 호흡 기관을 해친다. 그러나 대기권에서는 자외선을 흡수하는 중요한 역할을 한다.

강철로 만든 우산을 쓰고 다녀야 한다

오존층은 태양에서 오는 자외선의 대부분을 흡수하여 따뜻한 공기층을 만듭니다. 이것 때문에 아래가 차갑고 위는 따뜻한 기온 분포가 이루어집니다. 이러한 기온 분포 때문에 대류권의 활발한 대류 활동은 높이가 제한되어 구름의 성장이 일정한 높이까지만 이루어집니다. 그런데 오존층이 없다면 대류권의 높이가 지금보다 훨씬 높아지고, 더 두꺼

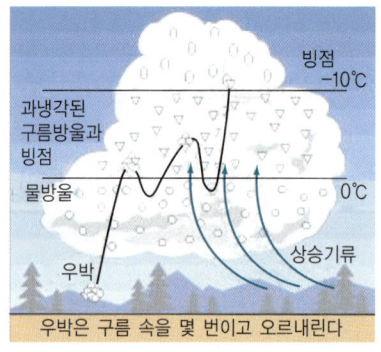
우박의 생성 과정

실제 우박

우박
주로 적란운에서 내리는 지름 5 mm 정도의 얼음 또는 얼음덩어리를 말한다.

워진 구름 속에서 **우박**들은 지금보다 훨씬 크게 성장할 수 있습니다. 그렇게 되면 우박은 수박만한 크기까지 자라 초속 50 m의 속도로 지상을 강타할 것입니다. 농작물은 모두 찢겨지고, 비닐하우스, 자동차 유리, 건물 유리 등은 박살이 날 것입니다.

최근에 개봉된 〈투모로우(Tomorrow)〉라는 영화를 보면 그 피해를 실감할 수 있습니다. 〈투모로우〉는 인간에 의해 자연 환경이 파괴되어 온난화가 심해진 지구가 기후 변화로 어떤 재난을 겪게 되는지를 잘 보여주는 영화입니다. 그 영화에서 일본의 수도인 도쿄에 우박이 떨어지는 장면이 나옵니다. 멜론 크기의 우박이 떨어질 때 도쿄는 폭탄을 맞은 듯 파괴되고 맙니다.

이런 우박에 견딜 생물은 아마 지구상에 거의 없을 것입니다. 오존층이 만들어지기 전인 고생대에 **삼엽충** 같은 생물이 바다 속에서만 왔다갔다했던 이유도 우박에 맞아 죽기 싫었기 때문이 아니었을까요? 사람들은 피해를 최소한으로 줄이려면 강철 우산을 만들어 쓰고 다녀야 하고, 자동차는 탱크처럼 만들어야 할 것입니다.

삼엽충 고생대에 크게 번성했던 바다 생물로, 몸은 머리·가슴·꼬리 등 세 부분으로 나뉜다. 몸은 키틴질로 덮여 있는데, 등면이 단단한 석회분으로 되어 있어 화석으로 많이 발견된다.

◑ 도쿄 도심에 떨어지는 대형 우박들. 한 세일즈맨이 우박을 피해 급히 도망가고 있고, 거리는 우박으로 아수라장이 되고 있다.

바다 인간으로 진화할 것이다

지구가 처음 생겼을 때에는 대기 속에 산소가 없었으므로 오존층도 없었습니다. 바다에 있는 작은 녹색 식물이 진화를 겪으면서 차츰차츰 산소를 만들어 냈고, 그것이 모여 지구가 생긴 후 약 40억 년이 될 무렵부터 대기에 오존층이 형성되기 시작했습니다. 그제서야 자외선이 두려워 바다 밖을 나올 수 없었던 생명체들이 바다를 떠나 육지에 상륙하였습니다. 풀과 나무가 자라고, 동물도 천천히 진화를 하였습니다. 그러나 다시 오존층이 사라지면 세포가 약한 미생물부터 자외선 때문에 멸종하게 될 것입니다. 이것은 연쇄 반응을 일으켜 전체 생태계의 근본을 흔들 것입니다. 물론 깃털, 비늘, 껍질 등이 있는 고등 생물은 얼마 동안은 견딜 수 있겠지만 결국에는 사라져버릴 것입니다. 생명 진화는 거꾸로 이루어질 것이고 바다 생물만 살아남게 될 것입니다. 사람도 결국에는 바다 생활에 적응해야 할 텐데, 영화 〈워터 월드〉의 주인공 마리너처럼 아가미로 호흡하고 손가락 사이에 물갈퀴가 발달하게 될지도 모를 일입니다.

◑ 영화 〈워터 월드(Water World)〉의 한 장면

인간의 문명은 밤에만 이루어질 것이다

오존층이 있는 지금도 땅으로 쏟아지는 자외선은 피부암을 일으키고 있습니다. 오존층이 없어지면 자외선이 더 많이 들어올 것이므로 피부암 발생률은 급증할 것입니다. 특히 백인들의 피해가 심한데, 미국의 통계에 따르면 성층권의 오존 농도가 1% 감소하면 UV-B의 양은 2% 증가하고, 피부암의 발생률은 약 4%, **백내장**은 0.6%, 시력을 잃는 사람은 매년 10만 명 이상 증가할 것이라고 합니다. 이런 환경에서 생존하려면 생물들은 거북이 등처럼 단단하고 두꺼운 껍질로 온 몸을 보호해야 할 것입니다. 사람들은 항상 선글라스를 써야 하고, 덥지만 두꺼운 옷을 입어야 할 것입니다. 그리고 되도록 낮에는 실내에 있고, 밤에 활동하는 것이 좋을 것입니다. 즉, 올빼미처럼 야행성 인간이 되어야 한다는 것이지요.

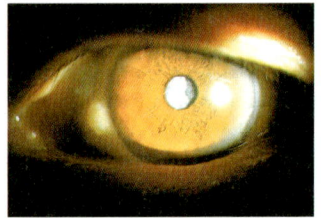

⊕ **백내장** 눈의 수정체가 흐려져 시력 장애가 발생하는 병으로, 눈동자의 속이 희게 보여 이런 이름이 붙었다.

고래가 굶어 죽는다

바다 표면의 플랑크톤은 치명적인 피해를 받아 멸종하게 될 것입니다. 바다 생태계에서 가장 아래를 차지하는 플랑크톤의 멸종으로 바다 생태계의 먹이 사슬이 깨어지고, 이것은 몸집이 큰 바다 생물에게까지 이어질 것입니다. 결국 고래와 같은 대형 바다 생물들도 굶어죽을 수 있다는 말입니다. 육상 식물계에도 피해가 예상됩니다. 꽃이 피지 않고, 잎 크기가 줄어들고, 돌연변이 발생률이 높아져, 제대로 된 식물 생장을 기대할 수 없게 됩니다. 이것은 농산물 수확에 직접적인 영향을 끼쳐 식량 문제가 큰 문제로 떠오를 것입니다.

이 외에도 성층권의 온도 분포는 대기 대순환과 밀접한

⊕ 물 위로 점프하는 고래의 멋진 모습

관계를 갖고 있는데, 오존층이 없어지면 성층권의 온도 분포가 크게 변할 것이고, 이에 따라 현재의 대기 대순환도 달라질 것입니다. 그 결과 일어나는 지구 기후의 변화는 그 누구도 쉽게 예측할 수 없습니다. 그리고 자외선의 증가는 대류권의 오존량을 증가시켜 도시 지역에 **광화학 스모그**를 발생시킬 것입니다. 이에 따라 우리들의 야외 활동은 크게 위축될 것입니다.

그렇다면 우리는 어떻게 해야 할까요? 오존층을 파괴하는 물질은 만들지도 사용하지도 말아야 합니다. 예를 들면 프레온 가스 같은 물질이지요. 프레온 가스는 매우 안정된 화학 물질이기 때문에 낮은 대기권에서는 분해되지 않으며, 성층권까지 올라간 후 자외선에 의해 분해되어, 오존 파괴의 촉매물질로 작용하는 염소 분자를 방출합니다. 염소 분자 하나는 수천에서 수십만 개의 오존을 파괴할 수 있습니다. 오존층 파괴물질들이 성층권으로 이동하여 분해되기까지는 수십 년이 필요하므로 오존층의 회복이 시작되는 시기를 정확히 예상하기란 매우 힘든 일입니다.

⚙ **광화학 스모그** 오염 대기 중의 탄화수소와 질소산화물이 태양의 강한 자외선과 반응하여 만들어진 스모그로, 미국 로스앤젤레스에서 발견되어 LA형 스모그라고 한다.

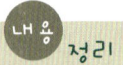

오존층

대기권은 지상으로부터 높이에 따른 온도 분포에 따라 대류권, 성층권, 중간권, 열권으로 구분되는데, 성층권 중에서도 고도 10~40km 부근의 오존 농도가 높은 영역을 오존층이라 한다.

1. 오존층의 역할

태양 복사선 중 유해한 자외선은 성층권의 오존층에서 대부분 흡수되어 제거된다. 따라서 오존층은 유해 자외선을 차단하는 지구의 보호막 역할을 한다. 만약에 생명체의 기본 구성 요소들을 심각하게 파괴하는 유해 자외선이 지상에 도달하면 사람을 포함한 생명체가 큰 피해를 입는다.

2. 프레온 가스

화학명으로는 '염화플루오르화 탄소'라고 하는데, 오존층 파괴의 원인이 된다. 휘발성이 강하고, 인체에 대한 독성이 적으며, 색깔과 냄새가 없다. 불에도 잘 타지 않고 폭발성이 없어서 스프레이 제품, 냉장고나 에어컨의 냉매, 소화제 등에 많이 이용된다. 이 물질이 가지고 있는 염소 원자 1개는 오존층의 오존 10만 개의 분자를 파괴한다.

3. 오존층 파괴 지역

오존층의 파괴는 특히 극지방이 심한데, 극지방에서는 봄철이 되면 극 성층권의 구름이 형성되어 활성화된 염소가 대량으로 생성되기 때문이다.

4. 오존층 파괴 대책

프레온 가스의 생산을 중지시키고, 대체 물질 개발에 많은 노력을 기울여야 한다.

태양과 우주

창조 신화의 주인공
태양이 없어지면 어떻게 될까?

딱딱한 과학 이야기보다는 재미있는 옛날 이야기부터 시작하려고 합니다. 어때요 재미있겠죠? 지금부터 하려는 이야기는 고대 잉카 문명과 이집트 문명의 창조 신화입니다. 왜 갑자기 창조 신화를 말하느냐! 다 속셈이 있지요. 그 속셈은 조금 있으면 알게 될 테니까 우선 옛날이야기부터 시작해보겠습니다.

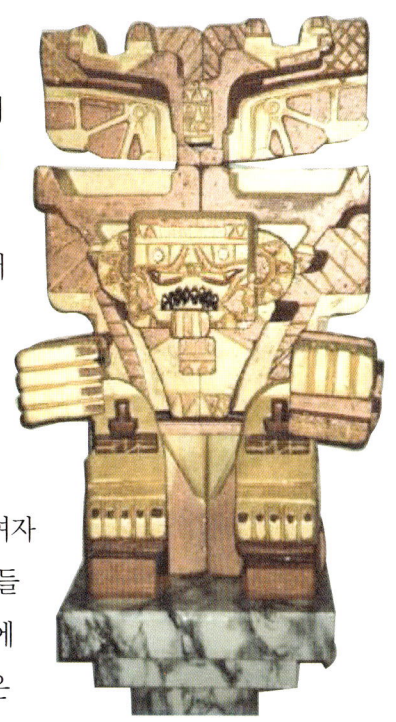

○ 잉카 문명을 창조한 신 비라코차

아주 먼 옛날 세상은 어둠에 묻혀 있었다고 합니다. 그때 '콜라수유'라는 큰 호수에서 '콘 티키 비라코차'라고 하는 창조의 신이 3명의 인간을 데리고 갑자기 짜잔! 하고 나타났습니다. (창조의 신들은 어느 날 아무것도 없는 캄캄한 곳에서 갑자기 나타나는 것이 특징이지요.)

콘 티키는 세상을 밝게 비추기 위해 해와 달과 별들을 창조했습니다. 그는 커다란 바위로 인간을 더 만들었는데, 그 가운데는 이미 아기를 잉태하고 있는 여자들도 있었다고 합니다. 콘 티키 비라코차 신은 이 인간들을 세상 곳곳으로 떠나 보냈습니다. (하지만 스페인에는 보내지 말았어야 했습니다. 왜냐하면 잉카 제국은 나중에 스페인의 침략을 받아 멸망하고 말거든요. 창조신이

🔆 잉카 문명의 상징 마추픽추

내가 바로 태양이다!

일식
태양이 달에 의해서 가려지는 현상

그것까지는 미처 알지 못했다니, 쯧쯧.) 콘 티키는 태양신의 아들 망코 카팍과 딸 마마 오쿠요에게 금지팡이를 주어 티티 카카 호수의 한 섬에 내려보냈습니다. 금 지팡이가 박히는 곳을 도읍 터로 하여 나 라를 세우라고 명령했는데, 이들은 여러 날 고생 끝에 금지팡이가 깊숙이 꽂히는 곳을 발견했습니다. 이곳이 '지구의 배 꼽'이며 나중에 잉카인들이 '세상의 중 심'이라고 생각한 '쿠스코'입니다.

망코 카팍과 마마 오쿠요는 이곳을 수도로 하여 나라를 세웠는데, 이 나라가 바로 잉카 제국이고 동서남북 사방을 지배한다는 뜻으로 '타완틴수유'라고 했습니다. 태양신의 아들인 망코 카팍은 티완티수요의 황제가 되어 '잉카'라고 불렸습니다. 때문에 잉카인들은 태양을 우주의 중심적 존재, 가장 성스럽고 절대적인 존재로 숭배하게 되었습니다. 태양이 사라지면 그들이 살고 있는 이 세상도 사라진다고 믿었습니다. 그들은 태양이 없어졌다가 다시 보이는 **일식** 현상은 세상이 다시 창조되는 것이며, 사람도 새로 태어난 다는 것을 의미한다고 믿게 되었습니다. 이들은 이때를 기 념하여 태양신에게 제사를 지내기 시작했습니다. 제사는 오 늘날에도 이어지고 있는데, 매년 6월 24일에 잉카 제국의 수도였던 쿠스코에서 지내며 제사의 이름은 인티 라미(Inti Raymi, 잉카인들은 태양을 '인티'라 부른다.)라고 부릅니다.

창조 신화에서 태양이 차지하는 의미의 중요성은 이집트 창조 신화를 보면 더 확실히 알 수 있습니다. 이집트인들은 위대한 태양신 '라(Ra)'가 나타난 후, 모든 것이 그 입에서 나오는 말을 통해서 존재하게 되었다고 믿었습니다. 태양신 '라'는 제일 먼저 공기 '슈'를 내뿜은 다음, 습기 '테프누트'를 내뱉었다고 합니다. 그들은 부부가 되었지요. '슈'는 생명력이고 '테프누트'는 세상을 편성하는 이치를 상징합니다. '라'는 또 자기가 만드는 게 무엇인지 보기 위해 공기와 습기로 자신의 눈인 '하토르' 여신을 만들었습니다. '라'는 눈을 갖게 되자 눈물을 흘리기 시작했습니다. 인간들은 바로 그의 눈물로 창조되었고, 다음으로 뱀을 창조했는데 다른 생물들은 모두 뱀에게서 나왔다고 합니다. 이것으로 옛날이야기, 끝!

⊙ 이집트의 태양신 라(Ra)

어때요, 재미있었나요? 말도 안 되는 이야기라고 생각하는 사람들도 있겠지만, 한 민족의 역사와 뿌리를 설명해주는 신화이니 무시해서는 안 되겠지요? 이들 신화에서 우리가 관심을 가질 내용이 있습니다. 그것은, 태양은 인류 문명에서 가장 위대한 존재로 취급받았고, 모든 것이 태양으로부터 나왔다는 생각을 공통적으로 했다는 사실입니다.

⊙ **허블 망원경이 포착한 어떤 별의 최후** (색깔은 덧입힌 것이다.) 별이 중심의 연료를 모두 써버리면, 최후를 맞이한다. 적색 거성이 된 별의 표면의 가스가 퍼지고 성운이 되는 것이 태양의 최후이다. 중심에 있는 백색 왜성의 빛으로 조금 빛나다가 조용히 사라진다.

그런데 이렇게 중요한 태양이 없어진다면 어떻게 될까요? 우선 태양이 어떻게 없어지느냐가 중요한데, 먼저 태양의 최후에 대해 간단히 알아보겠습니다. 자, 시선집중! 흥미진진한 이야기가 시작됩니다.

태양의 마지막 모습은 우주 여러 곳에서 죽어가고 있는 별들의 최후에서 간접적으로 알 수 있습니다. 과학자들에 따르면 우리 태양은 앞으로 약 50억 년이 지나면 핵연료인 수소가 다 소모되고 현재보다 약 200배로 커지면서 붉은색의 큰 별(**적색거성**)로 변한다고 합니다. 그리고 시간이 좀더 지나면 작고 차가운 별(**백색왜성**)이 되는 최후를 맞이한다고 합니다. 그래서 어떤 천문학자는 "우리는 태양의 죽음이 일어나기 전에 다른 살 곳을 찾아보아야 한다."고 주장합니다 (정말 훌륭한 과학자이지요? 50억 년 후의 미래를 걱정하다니. 이 세상 모든 과학자들이 이런 자세로 먼 미래를 보고 연구를 한다면 정말 좋은 세상이 만들어질 거라고 생각합니다. 우리 모두 그 과학자에게 박수를 보냅시다. 짝짝.) 실제로 태양이 아주 오랜 시간 후에 없어지는 것은 분명한 사실입니다. 미리 걱정할 필요는 없겠지만, 지금부터 태양이 없어진 후 우리의 운명에 대해 고민해보기로 해요.

지구는 우주의 떠돌이가 된다

우주의 모든 물체는 모두 서로 끌어당기는 힘을 가지고 있는데, 이를 중력이라고 합니다. 중력은 이 책을 보고 있는 사람들, 책, 연필 등 모든 물체에 작용하고 있으며, 그 힘은 너무 작아 보통 느끼지 못합니다. 계산에 따르면 자동차와 자동차 사이의 중력은 모기 한 마리가 가지는 힘과 비슷하다고 합니다. 하지만 귀신은 여기서 제외하세요. 중력은 질량

적색거성과 백색왜성
지름이 태양의 수십 배에서 수천 배가 되는 큰 별을 적색거성이라하고, 별의 진화에서 마지막 단계에서 이른 지구 정도로 작은 별을 백색왜성이라 한다.

귀신 한테는 중력이 안 통하지롱~

이상하네

이 있는 물체에서만 작용하는데, 귀신은 질량이 없거든요.

태양계 질량의 99%를 차지하는 태양(오 놀라워라!)이 없어진다면 태양계 천체들 상호 간에 미치는 중력에는 대혼란이 발생할 것입니다. 모든 행성이 태양을 중심으로 돌고 있는데 갑자기 태양이 사라진다면 구심점을 잃고 모든 행성은 우주 밖으로 날아가 버리겠지요. 행성들을 끌어당기고 공전시킬 강력한 중력이 사라지기 때문에 지구를 비롯한 태양계 행성들은 어미 잃은 양떼처럼 흩어질 것이 분명합니다.

우주에서는 마찰이 없고 관성이 끝없이 작용하여 행성들은 한 방향으로 영원히 멀리멀리 사라집니다. 그러다가 언젠가는 충돌하게 되겠지요.

이처럼 우주는 서로 밀접한 관계를 가지고 있고, 그 관계는 매우 정확한 질서를 토대로 유지되고 있습니다. 우주를 뜻하는 'Cosmos'라는 단어도 '질서'를 뜻하는 그리스어에서 나온 것입니다.

지구는 어떻게 될까요? 공전 궤도를 이탈하여 새로운 주인을 찾아 우주를 헤맬 것입니다. 다행히 목성의 중력에 이끌려 목성 주위를 공전할 수도 있겠지만 그 전에 목성 주위

🔸 **태양계 행성들** 사진의 왼쪽 가장자리에 있는 것이 태양이고, 그 외의 행성들은 실제 거리·크기의 비와는 상관없이 나열되어 있다.

소행성대
화성과 목성 사이의 궤도에서 크고 작은 천체(소행성)들이 많이 모여 있는 곳

오우! 이거 평생 볼 별을 다 보는구나! 아싸!

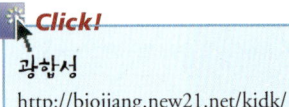
Click!
광합성
http://biojjang.new21.net/kidk/

의 **소행성대**에서 수많은 소행성과 충돌하여 장렬한 최후를 맞이할 수도 있고, 블랙홀로 빠져 들어가 산산이 부서질 수도 있을 것입니다. 그렇게 되면 지구에 있는 모든 생명체는 흔적도 없이 생을 마치겠지요? 이런 것을 보면 태양신을 숭배했던 잉카인들은 똑똑한 사람들이 아니었나 생각됩니다.

모두 죽거나, 아니면 새로운 생명체들이 등장한다

태양은 빛의 원천입니다. 태양 빛이 없어지면 태양계 전체는 완전한 어둠에 갇히게 됩니다. 물론 마지막 태양 빛이 지구로 오는 데 걸리는 약 8분 20초 동안은 최후의 기념 사진을 찍거나 아니면 선탠을 할 수도 있을 것입니다. (그런데 과연, 당장 죽을지도 모르는데 한가로이 사진이나 찍고 선탠할 사람이 있을까요?) 그리고 당분간 발전 시설을 이용하여 전깃불에 의지해 어둠을 밝힐 수 있을 것입니다. 그러나 오래지 않아 지구는 완전한 어둠에 갇히게 됩니다. 대신 하늘의 별들은 하루 종일 관측할 수 있으니 천문학자들은 잠도 자지 않고 관측하느라고 신이 나겠지요.

그 후 우리는 영원한 어둠과 말 못할 추위 속에서 죽을 날만 기다리며 살게 될 것입니다. 빛이 없으니까 식물들은 **광합성**을 하지 못하여 말라죽을 것이고, 다음으로 풀이나 열매를 먹고사는 초식 동물이, 그 다음으로 육식 동물이 차례로 죽을 것입니다.

그러나 몇몇 생물들은 상당한 기간 동안 생명을 유지할 수도 있습니다. 1960년 잠수정을 타고 수심 10,911m까지 내려간 적이 있는데, 그곳에서 생활하는 물고기가 있었다고 합니다. 이런 물고기들은 살아갈 수가 있을지 모르겠군요.

그리고 바다 속에는 검은 연기를 내뿜는 '블랙 스모커'

라는 해저 화산들이 있는데, 이 화산들 근처에서만 살고 있는 괴상한 형태의 생명체들이 있습니다. 뿐만 아니라 화산 속에서 황과 뜨거운 열로 살아가는 생명체들도 있습니다. 이처럼 지구상에는 생명체가 전혀 서식하기 어렵다고 생각되는 극한 환경이 있습니다. 여기서 살아가는 생물들을 '극한 환경 서식 생물'이라고 하며, 이를 따로 연구하는 학문이 있다고 합니다. 예를 들면 온천수 및 화산 등 온도가 매우 높은 환경, 남극 및 북극 대륙과 같이 혹독한 추위의 땅, 소금의 농도가 대단히 높은 호수나 염전, 극단적으로 산성 또는 알칼리성화된 장소 등에도 살 수 있는 생명체가 있다고 합니다.

태양이 없어지면 이런 생물들이 현재의 생명체들을 대신하여 지구의 주인이 되겠지요?

아주 조용한 지구가 될 것이다

비가 오고 바람이 부는 등의 일기 변화나 바닷물의 흐름 등은 모두가 태양의 영향 때문에 나타나는 현상입니다. 태양이 없어지면 이들의 변화를 일으킬 에너지가 없어지게 됩

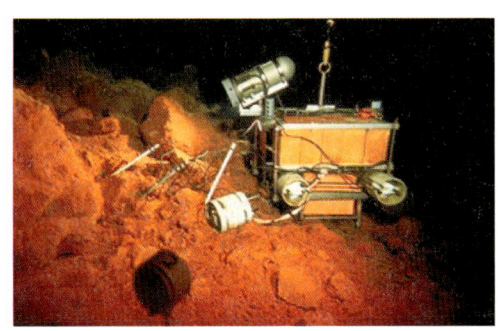

◐ 해저 화산 근처에서 생명체 탐사를 하는 로봇

◐ 해저 화산 근처 160℃의 온도에서도 사는 생명체

30. 창조 신화의 주인공

니다. 그렇다면 이들의 운동도 잠잠해질 것이고, 세상은 정말 조용해질 것입니다.

눈이 필요 없게 될 것이다

빛은 에너지의 근원이 되기도 하지만 색깔을 구별하게 해줍니다. 즉, 태양이 떠 있는 낮이면 다양한 색상과 그 색상의 진하기 차이에서 오는 다양한 색깔들을 볼 수 있지만, 태양이 사라지면 검은 어둠밖에 남지 않습니다. 무지개도 볼 수 없고, 아이들의 아름다운 그림도 볼 수 없습니다. 마치 지하 동굴에 사는 물고기의 눈처럼 사람들의 눈도 퇴화될 것입니다. 사람들은 어둠 속에서 상대방을 손으로 더듬거나 냄새로 확인해야 합니다. 어두운 거리에서는 여러 가지 일들이 일어나겠지요. 이 틈을 이용해서 엉큼한 짓을 하는 사람들도 생길 것이고, 남의 물건을 훔치는 사람도 있겠죠. 그러나 저러나 재미있는 텔레비전이나 영화를 볼 수 없으니 더 큰 일이지요. 그리고 사람들의 눈이 더 이상 필요 없게 되었으니, 안경점이나 안과가 없어지겠지요. (또 실업자가 늘어나겠군요.)

잠꾸러기들이 많아진다

태양이 없어지면 낮과 밤의 구분이 없어집니다. 점점 온도가 내려가고, 세상은 얼음의 세계, 어둠의 세계가 됩니다. 생물학자들의 연구에 따르면 사람의 몸에는 낮과 밤을 알려주는 생체 시계(biological clocks)가 있어 밤이 되면 이 시계가 잠을 자도록 유도하고(수면), 아침이 되면 깨도록 신체 상황을 조절한다(각성)고 합니다. 생체 시계는 태양 빛에 매우 민감하게 반응하는데 아침이 되면 태양 빛이 사람의

눈을 통해 각성 중추를 자극합니다. 빛의 자극에 반응하여 **멜라토닌**이라는 호르몬의 분비가 감소하게 되고, 그 결과 사람은 깨어서 활동을 시작합니다. 반대로 밤이 되어 태양 빛이 사라지면 수면 중추가 자극되어 잠자리에 들게 되는데 이때 멜라토닌의 분비 증가가 중요한 역할을 하는 것으로 알려져 있습니다. 따라서 태양이 없어지면 사람들은 잠을 자는 시간이 많아지겠지요. 무서운 이야기지만, 아마 그 잠은 지구의 생명체들에게는 영원한 잠이 될 것입니다.

Click!
멜라토닌
http://www.happymessenger.com/html/182.htm

내용정리

1. 태양의 특징

태양은 태양계의 행성, 위성, 혜성 등의 천체들의 운동을 직접 또는 간접으로 지배하고 있는 별로 다음과 같은 물리량을 가지고 있다.

- **지구에서 평균 거리** – 1억 4960만 km(걸어서는 약 4000년, 새마을호로 약 117년, 로켓은 250일, 소리의 속도로는 약 14년 5개월, 빛의 속도로는 약 8분 20초 걸린다.)
- **평균 지름** – 약 139만 km로 지구 지름의 109배에 해당한다.
- **질량·부피·밀도** – 질량은 약 2×10^{33}g 으로 지구의 33만 배, 부피는 지구의 130만 배이다. 평균 밀도는 1.4g/cm³으로 지구의 약 1/4배이다.
- **방출 에너지** – 1초 동안에 우주 공간에 방출하는 에너지의 양은 9.2×10^{22}kcal이다.

2. 태양과 지구

지구는 태양의 둘레를 돌면서 태양에서 열과 빛을 받고 있는데, 열과 빛은 지구에 사는 모든 생물들이 생명을 유지하는 데 필요한 근원적인 에너지가 된다. 구름이 형성되고 비가 오고 바람이 부는 것도 태양이 공기를 덥히고 물을 증발시키기 때문이다. 녹색 식물이 이산화탄소와 물로 광합성을 하여 스스로 생존하고, 또 동물계에 영양분을 제공할 수 있는 것도 태양 빛이 있기 때문이다. 태양이 없었다면 아득한 옛날에 식물이나 동물이 번성하지 못해 지금의 석탄이나 석유도 생기지 못했을 것이다.

그림으로 알아보는 태양의 여러 가지 현상들

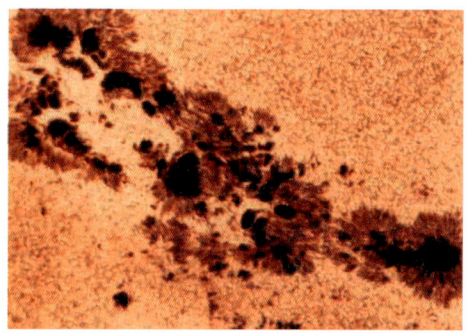

흑점 주위보다 온도가 낮아 어둡게 보이는 태양의 검은 부분이다.

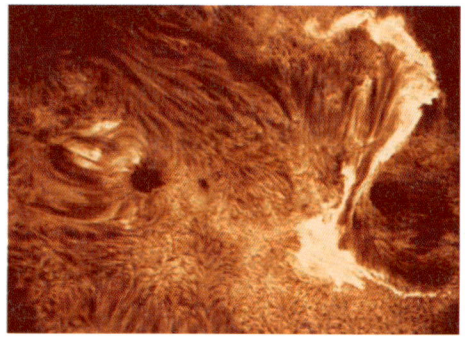

플레어 흑점 부근의 채층에서 코로나 속으로 솟구치는 돌발적인 폭발 현상이다.

홍염 태양의 가장자리에 보이는 불꽃 모양의 가스로 프로미넌스라고도 한다.

코로나 태양대기의 가장 바깥층을 구성하고 있는 부분으로 개기 일식 때 관측이 잘 된다.

개기 일식 태양, 달, 지구가 일직선으로 위치했을 때 달에 의해 태양이 가려지는 현상이다.

오로라 태양의 활동이 활발할 때 지구의 극지방에 생기는 현상이다.

무천 도사와 빙하기

달이 없어지면 어떻게 될까?

우리나라에 소개되어 선풍적인 인기를 모았던 일본 만화 〈드래곤볼〉을 모르는 사람은 없을 것입니다. 당시 학생들은 쉬는 시간 짬짬이 공책 뒷장에다 손오공과 손오반을 그렸고, 학교 복도와 골목 등에는 자신이 주인공이 된 양 '에너지 파'를 쏘아대며 뛰어다니는 친구들도 많았지요. 참 재미있는 광경이었습니다.

〈드래곤볼〉에는 무천 도사라고 하는 재미있는 노인이 등장하는데, 이야기 중에 무천 도사가 달을 없애는 장면이 나옵니다. 그가 어마어마한 에너지 파를 이용하여 달을 없애는데 그 이유는 손오공이 달을 보면 거대한 원숭이 괴물로 변하기 때문이었죠.

아무튼 무천 도사가 손오공을 지키기 위해 달을 없앴긴 했지만, 다음 편에 달이 다시 나와 무척 다행스러워요. 비록 만화 속의 이야기이긴 하지만 무천 도사 때문에 우리는 달이 없는 세상에 살 뻔했습니다.

상상력이 풍부한 만화가에게는 달이 우습게 보이나 봅니다. 지구로부터 멀리 떨어져 있는 달이니까 재미 삼아 없애고 부숴 버리기도 하는데, 사실은 매우 위험한 일입니다.

달이 없어지면 지구에 사는 생명체 전체가 위협을 받게 됩니다. 〈드래곤볼〉을 만든 만화가도 제 명에 살 수 없을 뿐

🔶 **무천 도사** 드래곤볼의 주인공인 손오공과 크리링에게 무술을 가르쳐준 도사이다. 손오공을 길러준 손오반과 우마왕의 스승이며 나이는 무려 300살이 넘는다. 손오공에게 근두운을 선물했다. 단점은 여자를 무지 좋아한다는 것이다.

🔵 만화 〈드래곤볼〉에서 나오는 여러 캐릭터

아니라 우리가 생각하지도 못할 일들이 우리 주변에서 일어 나게 됩니다.

다음은 믿거나 말거나 2012년 대학 수능 예상 문제입니다. 잘 생각하고 답을 해보세요.

다음 중 달이 없어지면 일어날 수 있는 일이 아닌 것은?

① 잠자는 시간이 아주 짧아진다.
② 결혼도 하지 못하고 일찍 죽을 수도 있다.
③ 냉장고와 에어컨 판매 실적이 매우 나빠진다.
④ 조개 구이 장사가 망한다.
⑤ 아이가 많이 태어난다.

답은 229쪽에서 확인

문제가 생각보다 어렵지요? 대학 교수님들도 고민 좀 하셔야 할 겁니다. 그러나 상상력이 풍부한 여러분들은 답을 찾을 수 있을 거라 믿습니다.

자, 지금부터 달이 없어졌다고 생각해볼까요?

○ 지구 대기권 밖으로 보이는 둥근 달

○ 달에서 본 지구

생명체들은 바다를 중심으로 진화한다

지구와 달은 서로 중력의 영향을 주고받습니다. 지구는 달의 중력에 의해 자전 속도가 일정하게 유지되고 있습니다. 그런데 달이 없어진다면, 어떻게 될까요? 달의 중력이 없어질 테고 지구의 자전 속도는 마치 고삐 풀린 망아지가 춤추듯 빨라질 것입니다. 과학자들은 지금보다 3배나 빨라져 하루가 8시간으로 짧아진다고 말합니다.

하루가 짧아졌으니 공부하는 시간, 일하는 시간이 줄어들어 좋겠다고 생각하는 사람들이 있을 것입니다. 하지만 마냥 좋아할 수 없을 걸요? 왜냐하면 하루가 줄어들면 잠자는 시간, 노는 시간, 먹는 시간도 따라서 줄어들기 때문이지요. 그리고 대기의 순환에 큰 변화가 생겨 지구는 1년 내내 사하라 태풍보다 위력이 큰 태풍이 불게 됩니다. 태풍과 함께 해일도 발생할 것이고…. 무시무시한 태풍 속에서 살아남을 수 있을까요? 바다 속 생물들을 제외하고는 살아가는 일이 매우 고달프게 될 것입니다. 따라서 지구의 생명체들

아이고 어지러워라~ 달이 없으니까 막 도네.

꺄아악
방금 산 피자가
다 엉었네!

은 바다를 중심으로 진화하게 되겠지요. 다행히 용왕님의 도우심으로 사람들은 바다 밑 용궁 근처에서 살아갈 수 있을지도 모릅니다. 정말 용왕님이 있다면요.

사람들은 빨리 늙고 빨리 죽는다

달이 없어지게 되면 지구의 중력이 감소합니다. 지구의 중력이 감소하면 지구 내부에 있는 마그마가 지각의 약한 틈을 비집고 곳곳에서 높게 분출하여 지구는 뜨거운 용암으로 불바다가 됩니다. 지진도 당연히 자주 발생하겠지요.

그리고 우리는 빨리 죽을지도 모릅니다. 우주의 무중력 상태에서 오랫동안 거주했던 우주비행사들은 세포의 노화가 지구에서보다 빨리 일어난다는 실험 결과가 나왔는데, 그 까닭은 중력이 약해지면 체세포의 증식이 빨라지기 때문이라고 하더군요. 체세포의 증식이 빨라지면 체세포의 수명이 줄어들어 빨리 죽는다는 뜻이 되지요.(아이고, 이를 어쩌나….) 따라서 빨리 늙어 죽기 전에 처녀, 총각들이 결혼하느라고 결혼식장이 초만원이 될 것입니다.

갯벌이 사라진다

달의 중력 때문에 바다에 밀물과 썰물이 생긴다는 것은 누구나 알고 있는 상식입니다. 교과서에서는 유식한 말로 '조석 현상'이라고 하지요. 그러므로 달이 없어지면 밀물과 썰물은 태양의 중력으로만 생기게 될 것이고, 그러면 높이 차이가 현재의 30% 수준으로 줄어들게 됩니다.

바닷물의 조석 현상이 매우 약해지기 때문에 지금과 같은 갯벌은 형성되지

○ 달의 중력이 없어져 갯벌이 사라지면 바지락 수제비 맛은 영원히 다시는 맛볼 수 없게 된다.

않습니다. 갯벌이 없으면 조개, 바지락, 망둥이, 짱뚱어, 낙지, 게, 어린 물고기 등이 살 곳이 없어집니다. 철새들의 먹이도 없어지고, 우리도 맛있는 조개 구이를 먹지 못합니다. 어디 그뿐인가요? 구수하고 개운한 바지락 수제비…, 흑흑 그것도 맛볼 수 없습니다. 갯벌에서 생산되는 수산물의 양이 엄청난데 그 생활의 터전이 없어지므로 어부들도 살 길이 막막해집니다.

○ 썰물이 되어 개흙으로 뒤덮힌 안면도 해변에서 조개를 채취하고 있다.

빙하기가 다시 올 수도 있다

현재 지구의 자전축은 23.5°로 기울어져 있습니다. 그런데 이 자전축의 각도에 영향을 주는 요인 중의 하나가 지구의 조석 현상입니다. 조석 현상을 일으키는 달이 없어진다면 지구의 자전축에도 큰 변화가 생깁니다. 어떤 기상학자의 연구에 따르면 **자전축의 변화**는 지구에 **빙하기**를 초래할 수도 있다고 합니다.

여기서 잠깐!

지구 자전축의 변화와 빙하기

지구의 자전축이 지구 공전 궤도면에 수직으로 되어 있지 않고 기울어진 채로 공전하고 있기 때문에 계절의 변화가 생긴다. 북반구가 태양을 향해 기울어진 상태에서 공전하는 기간에는 북반구는 여름이 되고 남반구는 겨울이 된다. 반대로 남반구가 태양을 향해 기울어진 상태에서 공전하는 기간에는 남반구는 여름, 북반구는 겨울이 된다.

지구의 자전축은 대략 4만 년을 주기로 21.5°와 24.5° 사이에서 그 각도가 변하는데, 현재는 약 23.5°이다. 지구는 자전축의 경사가 최대가 되면 간빙기가 되고, 최소가 되면 빙하기가 된다.

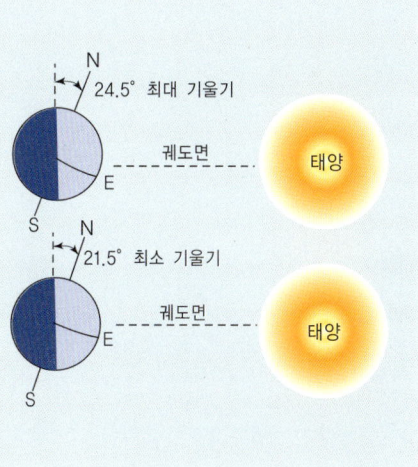

지구의 날씨가 추워지면 음식물을 보관할 냉장고도 필요 없게 되고, 비싼 에어컨을 설치할 사람들도 없어지겠지요. 그렇게 되면 전자제품 대리점을 하고 있는 우리 옆집 아저씨의 걱정이 이만저만이 아닐 겁니다. 냉장고나 에어컨이 더 이상 팔리지 않기 때문이지요.

일식이나 월식 현상을 볼 수 없다

일식은 달이 태양을 가리는 것이고, **월식**은 지구의 그림자에 달이 들어가는 것입니다. 따라서 달이 없어지면 두 현상은 근본적으로 생길 수가 없습니다.

Click!

일식과 월식
http://myhome.naver.com/dudwn1109/

⊙ 일식과 월식이 일어날 때의 태양, 지구, 달의 위치 관계

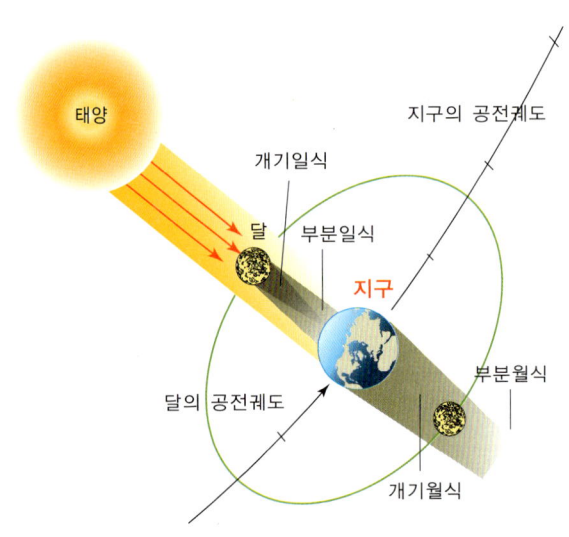
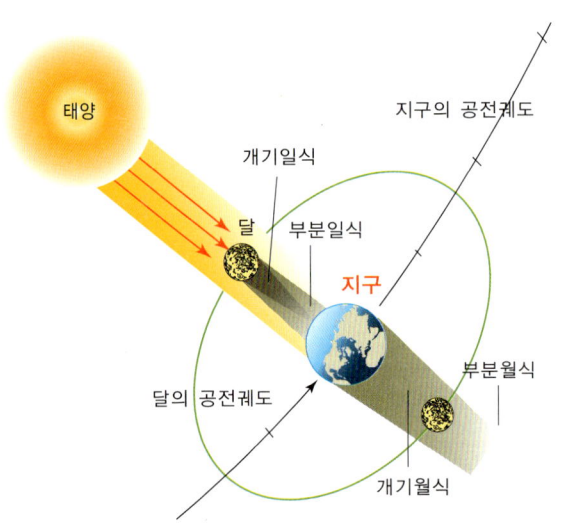

달력에서 음력이 사라진다

우리 고유의 민속일인 정월 대보름, **백중**, 추석 등 달을 주제로 한 명절도 의미를 잃어 없어집니다. 가을에 입는 때 때옷, 설날 때 받는 세뱃돈은 영원히 사라지겠지요. 아이들은 안타깝겠지만, 부모님들은 좋아하시겠네요. 특히 엄마가.

백중
음력 7월 15일. 백종이라고도 한다. 백종은 이 무렵에 과실과 채소가 많이 나와 옛날에는 100가지 곡식의 씨앗을 갖추어 놓았다 하여 유래된 명칭이다.

로맨틱한 프러포즈, 등골 오싹한 늑대인간도 없어진다

진짜로 중요한 일이 한 가지 더 있습니다. 아름다운 달빛이 없기 때문에, 달빛에 의지하여 사랑을 고백하는 연인들이 없어질 것입니다. 반면에 별빛은 더 밝게 보일 테니 오리온자리가 빛나는 날 청혼을 하는 연인들이 많아지겠지요.

그리고 달이 없어 인간이 늑대로 변하는 일은 없을 겁니다. 따라서 〈늑대 인간〉이라는 영화도 만들어지지 않을 것이고, 우리의 상상을 자극해줄 재미있는 이야기도 없어질 것입니다. 달밤에 체조한다는 우스갯말도 사라지겠지요. 그런데 우리 동네 꼬마들 말로는 토끼가 살 곳이 없어지니 토끼가 불쌍하다고 하더군요.

 내용정리

- -

1. 달의 물리적 특징

· 지구에서 평균 거리 : 384,400 km
· 질량 7.349×10^{22}kg, 부피 2.197×10^{10}m³, 평균 밀도 3.342 g/cm³
· 평균 반지름 : 1737.5km
· 온도 : 표면 최고 온도 123℃, 표면 최저 온도 −233℃

2. 달이 지구에 미치는 영향

· 지구의 자전 속도를 결정한다. 달이 지구로부터 멀어지면 지구 자전 속도는 빨라지고, 가까워지면 지구 자전 속도는 느려진다.
· 조석 현상을 일으켜 밀물과 썰물이 있게 하고, 갯벌을 형성한다.
· 지구 자전축의 각도를 일정하게 하여 지구 기후에 영향을 미친다.
· 태양을 가려 일식 현상(개기 일식, 부분 일식, 금환 일식)을 일으킨다.

'믿거나 말거나 2012 수능 문제'의 답은 ⑤번입니다.

잠깐, 좀더 알아봐요

그림으로 알아보는 달의 모습들

아폴로 11호가 찍은 달의 표면. 물과 대기가 없어 크레이터(위성이나 화성 같은 행성 표면에 널려 있는 크고 작은 구멍) 형태가 잘 보존된다.

달 표면을 걷고 있는 우주비행사

시간 차이를 두고 촬영한 월식 장면

정말 긴 하루

달이 더 멀어지면 어떻게 될까?

현대인의 하루는 정말 짧습니다. 아마 하루가 25시간이라면 얼마나 좋을까 하고 생각해본 사람들도 많을 것입니다. 한 시간 더 잘 수도 있고, 더 놀 수도 있을 테니까요.(한 시간 더 공부를 하겠다는 사람은 없을까요?) 그런데 진짜로 하루가 25시간이 될지도 모릅니다. 그 일은 달님에게 물어보면 알 수 있습니다. 마치 이 이야기가 농담처럼 들리겠지만 사실입니다.

지구에서 달까지의 평균 거리는 약 38만 km입니다. 그런데 달은 1년에 약 3.8 cm의 거리만큼 지구로부터 멀어지고 있습니다. 앞으로 10억 년이 지난 후에 달은 더 멀어져 약 41만 km 떨어진 곳에 있게 된다고 합니다. 반대로 지금으로부터 10억 년 전에는 달이 지구로부터 약 35만 km 떨어진 곳에 있었고, **달이 태어난** 약 45억 년 전에는 지금보다 훨씬 더 가까운 곳에 있었습니다.

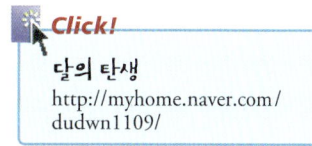

Click!

달의 탄생
http://myhome.naver.com/
dudwn1109/

　한번 생각해봐요. 오래 전 지구의 밤은 지금보다 훨씬 멋있었을 거예요. 달이 지금보다 훨씬 가까이에서 보였으니 말입니다. 보름달이 떴을 때는 밤이지만 정말 환하고 아름다웠을 것입니다. 타임머신이 있다면

○ 서울을 배경으로 떠 있는 보름달, 달의 크기는 실제보다 크게 한 것이다.

과거로 가서 그 장면을 사진에 담고 싶군요.

그런데 달이 지구로부터 점점 멀어지고 있다니 미래의 밤은 지금보다 쓸쓸할 것 같네요.

달이 지구로부터 멀어지고 있는 까닭은 무엇일까요? 누가 달을 지구로부터 떼어놓으려 하는 것일까요? 범인은 바로 지구의 바다입니다. 하루가 길어지는 것이 달 때문이라고 하더니, 이제는 달이 멀어지는 것을 말 못하는 바다에게 덮어씌우다니, 점점 이상해지지요? 그런데, 어쩝니까. 이 모든 것이 사실입니다.

지구의 바닷물은 달의 인력에 의해 하루에 두 번씩 왔다 갔다하는데, 우리는 이를 **밀물과 썰물**이라고 부릅니다. 밀물과 썰물은 바다 밑 지구 표면과 마찰을 일으키며 운동하고 있는데, 이때 소비되는 마찰 에너지만큼 지구의 자전 에너지는 줄어들고 있습니다. 즉, 자전 속도가 조금씩 느려지고 있다는 말이지요. 또한 지구의 **자전 속도**가 느려지는 만큼 지구 주위를 돌고 있는 달의 공전 속도는 빨라지게 되는데,

밀물과 썰물
밀물과 썰물은 달과 태양의 인력에 의해 생긴다. 밀물은 달을 향한 부분과 그 반대쪽에서, 썰물은 그 외 지역에서 일어난다. 보름과 그믐에는 태양의 인력과 달의 인력이 합쳐지면서 밀물과 썰물의 차이가 가장 크게된다.

이 때문에 달은 지구에서 조금씩 멀어지게 됩니다.

지구의 자전 속도가 느려진다는 말은 하루가 길어진다는 말과 같습니다. 지금은 하루가 24시간인데, 앞으로 자전 속도가 점점 느려지면 하루가 25시간도 될 수 있고, 30시간도 될 수 있습니다. 또, 자전 속도가 느려지는 만큼 달은 지구로부터 더 멀어질 것입니다.

과학자들의 연구에 따르면, 달이 탄생했을 당시에 지구의 하루는 5시간이었고 달까지의 거리는 약 2만 km였으며, 10억 년 전 지구의 하루는 19시간이었고 달까지의 거리는 35만 km였다고 합니다. 그리고 10억 년 후 지구의 하루는 31시간이고 달까지의 거리는 41만 km에 이른다고 예측하고 있습니다.

아무튼 달이 지구로부터 멀어질수록 지구의 하루가 길어지는 까닭을 이해했나요?

그럼 달이 지구로부터 얼마까지 멀어질 수 있을까요? 바다가 계속 존재한다고 할 때, 천문학자들의 계산에 따르면 앞으로 140억 년 후까지 계속 멀어질 거라고 합니다. 그때가 되면 지구의 자전 주기와 공전 주기가 47일로 같아지고 (으악! 하루가 무려 1,128시간이나 되네…), 거리는 약 55만 km가 된다고 합니다.

달이 지구로부터 멀어지면 개기 일식과 같은 멋진 천체 현상을 볼 수가 없습니다. 현재는 지구에서 볼 때 달의 크기와 태양의 크기가 비슷하게 보이기 때문에 달이 태양을 완전히 가리는 개기 일식을 볼 수 있지만, 앞으로 달이 점점 멀어져 그 크기가 작게 보이면 태양을 완전히 가리지 못해 부분 일식이나 **금환 일식**만 볼 수 있습니다.

쉿! 지금까지의 이야기는 잠이 늘 부족한 아빠께는 비

자전 속도

지구가 한 번 자전하는데 24시간이 걸리고 적도의 둘레가 40,068 km 이므로 지구의 자전 속도는 시속 1,669 km가 된다. 자동차가 고속도로 위를 달릴 때의 속도가 시속 약 1백 km인 것을 생각하면 엄청나게 빠른 속도이다.

점점 멀어지나봐.

아… 하루가 기니까 공부도 오래하는구나…

○ **금환 일식** 일식 때 태양의 가장자리 부분이 금가락지 모양으로 보이는 일식.

밀로 하세요. 이 일을 알면 아빠는 매일 밤 달을 보며 이렇게 외치실 테니까요. '달아 달아! 멀리멀리 가거라, 어서 가거라.'

달과 지구의 자전

1. 달이 지구에 미치는 영향 중 대표적인 것이 조석 현상이다. 조석 현상은 특히 지구의 자전 주기에 영향을 준다.

2. 지구의 자전 주기는 달에 의해 달라지는데, 35억 년 전에는 12시간으로 짧았고, 6억 년 전에는 21시간 24분이었으며, 앞으로 6억 년 후에는 27시간으로 길어진다.

3. 하루의 길이가 늘어난다는 것은 1년의 날짜 수가 달라지는 것을 의미하는데, 현재 1년의 길이는 365.24일이지만 35억 년 전에는 710일로 아주 길었으며, 6억 년 전에는 410일이었고, 6억 년 후에는 326일로 짧아질 것이다.

4. 달은 매년 약 3.8cm씩 지구로부터 멀어지고 있다. 달이 멀어질수록 지구의 자전 주기는 길어지는데, 지구의 자전 주기와 달의 공전 주기가 같아지는 140억 년 후까지 계속 멀어진다. 이때는 지구의 자전 주기와 음력 한 달이 약 47일로 같아진다. 그러나 이미 태양이 죽어 빛이 사라지므로 밝은 달을 볼 수 없을 뿐만 아니라, 지상에서 생명체가 모두 사라진 지 오래가 된다. 우리는 지구의 한 달이 47일이 되는 모습을 보지 못할 것이다.

로봇 M의 운명

블랙홀에 빠지면 어떻게 될까?

어떤 만화 영화를 보았더니 멋있는 우주선에 탄 주인공이 '공간 점프'라고 외치면서 블랙홀을 통과하는 장면이 나왔습니다. 블랙홀은 중력이 너무나 커서 빛도 빠져 나오지 못하고, 시간마저 멈추는 곳입니다. 그런데 만화에서는 그곳을 통해 시간 여행을 할 수 있다고 합니다. 정말 그런지 우리도 블랙홀에 한번 빠져 볼까요?

아인슈타인이라는 사람을 알고 있나요? 우유 이름이 아니냐고 말하는 사람도 있겠지요? 왜냐하면 요즘은 우유 제품의 이름에도, 학습지 이름에도 아인슈타인이라는 이름이 붙어 있으니까요. 우리나라 어머니들은 아인슈타인이라는 이름이 붙은 것을 아이에게 주면 모두가 아인슈타인처럼 똑똑한 사람이 되는 것으로 착각하는 것 같은데, 실제로 아인슈타인은 어렸을 때 성적이 엉망이었다고 합니다.

하여튼 아인슈타인은 정말 유명한 과학자라는 것을 알 수 있습니다. 그런데 아인슈타인은 세상 사람들이 이해하지 못할 많은 이론들을 발표했습니다. 그 중에서도 가장 사람들의 관심을 끌었던 것은 '블랙홀'에 관한 것이었습니다.

블랙홀이란 무엇일까요? 검은 구멍이라는 뜻으로 해석되는 이 용어는 아인슈타인이 아닌 미국의 휠러(Wheeler)라는

🔶 아인슈타인

Click!

블랙홀
http://members.nate.com/
terraantaras/blackhole.htm

학자가 1969년에 처음 사용하였습니다. 그가 블랙홀이라는 이름을 붙인 것은 블랙홀이 빛이 나오기는커녕, 빛마저 빨아들이는 천체였기 때문입니다. 어째서 블랙홀은 빛을 빨아들일까요? 그 이유를 알기 위해서는 아인슈타인이 말한 중력에 대해 알아야 합니다.

아인슈타인의 **일반 상대성 이론**에 의하면, 질량이 큰 물체의 주변 공간은 휘어져 있고, 휘어진 만큼 중력이 작용한다고 합니다. 일반 상대성 이론은 어려운 내용이어서 쉽게 이해하기 어렵습니다. 그래서 비유를 들어 간단히 설명하겠습니다.

얇은 고무판 위에 무거운 쇠공을 올려놓으면 쇠공이 있는 부분이 아래로 처집니다. 그리고 그 주변도 함께 휘지요. 이때 작은 쇠구슬을 고무판 위로 굴리면 어떻게 될까요? 쇠구슬은 때구르르 처진 쪽으로 굴러가겠지요. 여기에서 작은 쇠구슬을 빛이라고 생각해봅시다. 빛은 직진하는 성질이 있지만, 공간 자체가 휘어졌으니 따라서 빛도 휘어질 거예요. 아주 질량이 큰 쇠공을 생각하면 작은 쇠구슬은 완전히 그곳으로 빠져들겠지요? 이때 질량이 큰 쇠공과 같은 역할을 하는, 중력이 아주 큰 천체가 있다면 그 천체는 블랙홀이라 할 수 있을 것입니다.

개기 일식 때에 별빛이 휘어지는 것이 관측되어 일반 상대성 이론이 일부 증명된 후 사람들은 아인슈타인의 이론을 믿게 되었고, 그 후 블랙홀에 대한 본격적인 탐구가 시작되었습니다. 과학자들은 블랙홀이 어떻게 만들어지고 관측되는지에 대해 많은 연구를 했습니다.

블랙홀은 어떻게 만들어질까요? 블랙홀이 만들어지기 위

일반 상대성 이론
뉴턴의 중력 이론을 발전시킨 것으로 시간과 공간은 나누어서 생각할 수 없고, 시간이나 속도, 그리고 중력장에 의해서 끊임없이 영향을 받는다는 이론이다.

작은 구슬이 가운데로 굴러가는구나. 오오~

해서는 질량이 태양의 30배 이상인 별이 죽어야 합니다. 별이 죽다니요? 물론, 별도 죽는답니다. 사람처럼 숨이 꼴까닥 넘어가는 죽음이 아니라 마지막에 대폭발을 한 후 전혀 다른 형태의 천체가 되는 것입니다. 질량이 태양의 30배 이상인 큰 별은 최후에 엄청난 폭발을 한 후, 중력 붕괴를 하게 됩니다. 중력 붕괴란 별의 물질 전체가 중심을 향해 짜부라지는 것으로, 질량에 비해 공간이 아주 작은 천체가 되는 것을 말합니다.

아인슈타인은 지구가 블랙홀이 되려면 지구의 물질이 중력 붕괴를 하여 반지름이 9mm인 구슬이 되면 된다고 했습니다. 반지름이 9mm인 구슬이란 조금 큰 모래알 크기입니다. 정말 말도 안 되는 일이지요. 지구가 모래알만큼 줄어들어야 블랙홀이 될 수 있다니 말이에요. 그런데 현대 과학은 이런 일이 가능하다고 하니까 믿을 수밖에요.

이제 블랙홀의 존재를 찾는 일이 남았습니다. 넓고 넓은 우주에서 보이지도 않는 검은 구멍(블랙홀)을 찾는 일이란 정말 어려운 일이었습니다. 그렇지만 머리가 뛰어난 과학자들은 방법을 찾아냈습니다. 우주에는 두 개의 별이 가까운 곳에서 서로 공전하는 경우가 많은데, 이를 쌍성이라고 합니다. 쌍성은 서로 다른 운명을 가지고 있기 때문에 큰 쪽 별이 먼저 죽는 경우가 생깁니다. 큰 별이 블랙홀이 되었다면 상대쪽 별의 물질들은 급격하게 블랙홀 쪽으로 빨려 들어가는데, 이때 물질의 이동 속도 차이 때문에 마찰열이 생겨 X선을 내보내게 됩니다. 따라서 **X선**을 내보내는 천체를 찾으면

◐ 블랙홀이 있는 것으로 추정되는 백조자리

 X선
고속전자의 흐름을 물질에 충돌시켰을 때 생기는 파장이 짧은 전자기파

되겠지요? 우리의 호기심 많은 과학자들은 이를 관측하기 위해 지구 대기권 밖으로 망원경을 탑재한 인공위성을 쏘아 올리는 극성을 부린 결과, 드디어 300개가 넘는 X선 천체들을 발견하기에 이르렀지요. 이들 모두가 블랙홀이라는 것은 증명되지 않았지만 대부분이 블랙홀이라 확신하고 있습니다. 그 중 가장 유명한 것이 백조자리의 X-1입니다.

블랙홀이란 무엇인지 대충 알았나요? 그러면 지금부터 블랙홀 가까운 곳으로 가서 그곳에 뭔가를 떨어뜨려 볼까요? 워낙 변화무쌍한 곳이라서 감히 사람을 보낼 수는 없습니다. 그래서 최첨단 로봇을 보내기로 했습니다. 로봇 이름은 M. 여러 가지 정보를 감지하고, 그 정보를 우리에게 보낼 수 있도록 인간 모양으로 만든 로봇입니다. 어쨌든 중간 과정은 생략하고, 우리의 M은 드디어 블랙홀 가까이 갔습니다. 무슨 일이 일어날까요?

❂ 블랙홀 가까이 다가간 인간을 닮은 최첨단 로봇 M. 거의 정지된 것처럼 보인다.

블랙홀에 가까이 갈수록 M의 이동은 오히려 정지된 것처럼 움직이지 않았습니다. 엄청난 중력으로 모든 물질을 빛의 속도로 빨아들이는 블랙홀 근처에서 M의 움직임이 마치 정지된 것처럼 보였습니다. M은 우리 우주와 블랙홀의 경계선인 '**사상의 지평선**(event horizon)'이라고 불리는 곳에서 멈추어 섰습니다. M이 빛의 속도로 움직일 때 시간이 흐르지 않기 때문이지요. 그런데 실제로 그럴까요? 만약에 또 다른 존재가 M 곁에 있어 나란히 운동하면서 M을 본다면 M은 정지해 있는 것이 아니라 사상의 지평면을 지나 블랙홀의 중심으로 가고 있을 거예요. 우리와 M의 시간이 달라

사상의 지평선
블랙홀 근처에만 있는 특별한 경계 구역으로, 그 구역을 넘어서면 다시는 되돌아 올 수 없는 지점을 말한다.

그렇게 보이는 것뿐입니다.

　M이 자신의 존재를 알리기 위해 우리 쪽으로 보내는 불빛은 파란색에서 점점 붉은색으로 변하다가 나중에는 그 빛마저 볼 수 없게 되었습니다. M의 고통 감지 프로그램을 작동시켰습니다. 이것은 만약에 사람이 블랙홀에 빠졌을 때 고통을 느끼는 과정을 알기 위해 설치한 장치였습니다. 밖에서 볼 때, M은 블랙홀 근처에서 감당하기 힘든 고통을 정지된 시간 속에서 아주 오래 느낄 것 같은데, 실제로는 그렇지 않은 것 같습니다. 시간 자체가 느려지는 것처럼 M의 모든 신진대사도 느려지기 때문이 아닌가 하고 추측할 뿐입니다. 그런데 실제로 M은 어떻게 되었을까요? 블랙홀 가까이 가자마자 M은 머리끝과 발끝 사이의 중력 차에 의해 아주 가느다란 실처럼 길게 늘어진 형태로 완전히 부서졌습니다. 그리고 M을 구성하고 있던 모든 것들이 블랙홀 중심으로 빨려 들어갔을 것입니다.

　분해된 채 블랙홀의 중심으로 끝없이 추락하던 M은 어떻게 되었을까요? 과학자들은 블랙홀로 들어간 빛과 에너지, 그리고 물질은 **웜홀**(wormhole, 벌레 구멍이라는 뜻)을 통해 화이트홀로 빠져나간다고 하는데, M도 그렇게 되었을까요? **화이트홀**(white hole)로 나가 분해된 몸이 다시 결합하여 다른 시간과 공간이 있는 새로운 우주로 갔을까요?

　블랙홀의 중심은 현재 인간이 알고 있는 모든 물리 법칙이 깨지는 곳이라고 합니다. 따라서 그곳에는 어떤 시간과 공간이 있는지, 그곳이 지옥인지 천국인지 아무도 모릅니다.

　머리가 아파 오네요. 블랙홀, 웜홀, 화이트홀 등등…. 무슨 구멍이 우리를 이렇게 어지럽히는지. 한 가지 더 헷갈리는 말을 할까요? 아인슈타인 이후 최고의 우주 물리학자인 스

웜홀(wormhole)
블랙홀과 화이트홀로 연결된 우주의 통로

화이트홀(white hole)
상대성 이론에 비추어 보면 블랙홀처럼 물질을 끌어들이는 곳이 있으면 반드시 나가는 곳이 있는데 이를 화이트홀이라고 한다. 그러나 아직 관측되지는 않았다.

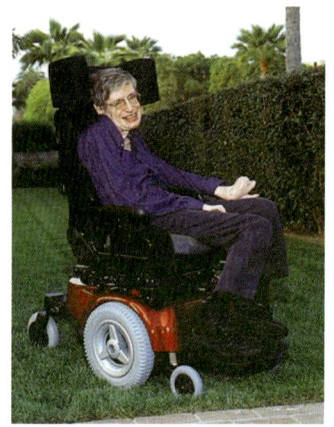

티븐 호킹은 작은 블랙홀의 존재를 말했습니다. 호킹의 말대로 농구공 크기의 블랙홀이 존재한다면, 또 그것이 우리 주위에서 있어 우리 몸과 부딪힌다면 어떻게 될까요? 누가 누가 알아 맞춰 보세요.

◆ 스티븐 호킹

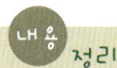 **정리**

1. 블랙홀(black hole)

아인슈타인의 일반 상대성 이론에 근거하여 제안된 우주의 천체로, 백조자리에서 처음 관측되었다. 블랙홀은 중력이 무한대인 곳으로 그 속에서는 빛·에너지·물질·입자 등 어느 것도 탈출하지 못한다. 블랙홀은 태양보다 훨씬 무거운 별이 최후를 맞이한 후에 생기거나, 또는 우주 탄생 때 일어난 대폭발(Big Bang)로 형성된다고 한다.

2. 화이트홀(white hole)

블랙홀과 반대되는 이론적 존재로 블랙홀로 사라진 물질이나 빛 등이 나오는 출구라고 생각할 수 있다.

3. 웜홀(wormhole)

블랙홀과 화이트홀을 이어주는 통로이다. 시간과 공간에 뚫린 벌레 먹은 구멍이라고 생각하여 웜홀이라는 이름이 붙었다. 블랙홀은 관측되었으나, 화이트홀과 웜홀은 아직 이론적인 단계에 머물러 있다.

그림으로 알아보는 블랙홀, 화이트홀, 웜홀

가운데 검은 부분이 블랙홀로, 물질·빛·에너지 등을 끌어당기는 모습을 상상하여 그린 것이다.

왼쪽이 블랙홀이고, 오른쪽에 밝게 빛나는 것이 화이트홀, 가운데 통로가 웜홀에 해당한다. 상상하여 그린 것이다.

참고 도서

국내 서적

《거의 모든것의 역사》 빌 브라이슨, 까치

《걸리버 여행기》 조나단 스위프트, 미래사

《공상비과학대전》 야냐기타 리카오, 대원씨아이

《과학 공화국 물리 법정》 정완상, 자음과 모음

《과학, 인간을 만나다》 헨버리 브라운, 한길사

《과학사 X 파일》 최성우, 사이언스북스

《과학의 세계, 미지의 세계》 아이작 아시모프, 고려원미디어

《기생충 제국》 칼 짐머, 궁리

《기술의 역사》 F 플럼, 미래사

《나는 물리학을 가지고 놀았다》 존 그리빈 외, 사이언스북스

《나는 생각한다. 고로 실수한다》 장 피에르, 문예출판사

《날씨 토픽》 반기성 지음, 명진출판 펴냄

《녹색 화학》 폴 T. 아나스타스, 한승

《만약에 말이야...》 로버트 에클리히, 에코리브르

《멘델례예프의 꿈》 폴 스트레턴, 몸과마음

《물리학자는 영화에서 과학을 본다》 정재승, 동아시아

《미래신문》 이인식, 김영사

《미생물의 힘》 버너드 딕슨, 사이언스북스

《백만인의 유전학》 존. J. 프리드, 중앙일보 중앙신서

《볼츠만의 원자》 데이비드 린들리, 승산

《블랙홀 웜홀 타임머신》 짐 알칼릴리, 사이언스북스

《빛 이야기》 벤 보버, 웅진닷컴

《빛과 색의 신비》 쿠와지마 미키, 한울림

《산소》 칼 제라시, 자유아카데미

《스트레인지 뷰티》 조지 존슨, 승산

《아담과 이브에게는 배꼽이 있었을까》 마틴 가드너, 바다출판사

《아인슈타인이 들려주는 상대성원리 이야기》 정완상, 자음과모음

《아톰으로 이루어진 세상》 라이너 그리스하머, 생각의나무
《양자 역학의 모험》 김종오 외 옮김, 과학과 문화
《영화에서 만난 불가능의 과학》 이종호, 뜨인돌
《우주의 점》 재너 레빈, 한승
《원소의 새로운 지식》 사쿠라이 히로무, 아카데미서적
《유전자 사냥꾼》 제리 비숍 외, 동아출판사
《이기적인 유전자》 리처드 도킨스, 동아출판사
《인간 게놈 프로젝트》 로버트 쿡 외, 민음사
《장난꾸러기 돼지들의 화학피크닉》 조 슈워츠, 바다출판사
《재미있는 물리 여행》 루이스 엡스타인 외, 김영사
《지구의 수호신 성층권 오존》 시마자키 다쓰오, 전파 과학사
《청소년을 위한 서양과학사》 손영운, 두리미디어
《초전도란 무엇인가》 오스카 다이이치로, 전파 과학사
《카페 안드로메다》 슈테판 예거 외, 이끌리오
《쿼크로 이루어진 세상》 한스 그라스만, 생각의나무
《파인만 강의》 데이비드 L. 구드스타인 외, 한승
《판스워스 교수의 생물학 강의》 프랭크 H. 헤프너, 도솔
《해리포터의 사이언스》 정창훈 외, 과학 동아
《혜성(칼 세이건의 우주여행)》 칼 세이건 외, 해냄출판사
《화학 스페셜》 서인호, 신원
《화학의 시대》 필립 볼, 사이언스북스

외국 서적

Blue Planet, Margarita Skinner, John Wiley & Sons
Cell and Molecular Biology, Gerald Karp, John Wiley & Sons Inc
Cosmic Perspective, Jeffrey Bennett, Addison-Wesley
Geochemistry An Introduction, Francis Albarede, Cambridge Univ Pr
Global Warming, Peggy J. Parks, Kidhaven
Human Body in Health and Disease, Gary A. Thibodeau, Mosby Inc
Human Evolution & Prehistory, William A. Haviland, Holt Rinehart
    & Winston
Journey of Man(A Genetic Odyssey), Spencer Wells, Princeton Univ Pr

Nine Crazy ideas in science, Robert Ehrlich, Princeton Uni Pr

Physical Chemistry, Peter William Atkins, W H Freeman & Co

Physical geology exploring the Earth, Monroe, West Group

Quantum Theory of Light, Rodney Loudon, Oxford Univ Pr

Recent Advances and Issues in Oceanography, C. Reid Nichols, Oryx Pr

Relativity The Special and the General Theory, Albert Einstein, Routledge

The Future of Spacetime, Hawking, Stephen W, W W Norton & Co Inc

Theory of Everything, Hawking, Stephen W, New Millenium Audio

Voyage of the Beagle, Charles Robert Darwin, Natl Geographic Society

Water Chemistry, Mark Benjamin, McGraw-Hill College

What if ?, Robert Ehrlich, John Wiley & Sons Inc

Why Toast Lands Jelly-Side Down, Robert Ehrlich, Princeton Uni Pr

엉뚱한 생각 속에 과학이 쏙쏙!!

지은이 · 손 영 운

펴낸이 · 조 승 식

펴낸곳 · 도서출판 이치 SCIENCE

등록 · 제9-128호

주소 · 142-877 서울시 강북구 수유2동 258-20

www.bookshill.com

E-mail: bookswin@unitel.co.kr

전화 · 02-994-0583

팩스 · 02-994-0073

2004년 12월 25일   제1판 1쇄 발행

2010년 4월 5일   제1판 8쇄 발행

값 12,000원

ISBN 978-89-91215-06-1

ISBN 978-89-91215-08-5(세트)

도서공급처 : (주)도서출판 북스힐

142-877 서울시 강북구 수유2동 258-20

전화 · 02-994-0071

팩스 · 02-994-0073